高等职业教育系列教材

校企合作 | 产教融合 | 理实同行 | 配套丰富

PyTorch
深度学习项目教程

主编 | 宋桂岭　刘军伟　李克新
参编 | 徐　伟　秦　煜　厉菲菲

本书根据初学者的学习曲线和职业生涯成长规律，由浅入深设计了 5 个基础项目和 3 个综合项目。基础项目包括手写数字识别、二维曲线拟合、猫狗图像分类、提升猫狗图像分类的准确率和文本翻译，引导读者使用 PyTorch 构建神经网络算法框架，深入探讨了深度学习数据集构建、神经网络模型原理及实现、算法训练与评价等内容；综合项目包括食品加工人员异常行为检测、工业检测图像分割和内容智能生成，介绍了深度学习的新技术，实现了目标检测、图像分割、超分辨率重建、智能问答、文生图、图生图等应用。

本书可作为高等职业院校人工智能技术专业相关课程的教材，也可作为工程人员的入门书籍。

本书配有微课视频，读者扫描书中二维码即可观看，另外，本书配有丰富的数字化教学资源，需要的教师可登录机械工业出版社教育服务网（www.cmpedu.com）免费注册，审核通过后下载，或联系编辑索取（微信：13261377872，电话：010-88379739）。

图书在版编目（CIP）数据

PyTorch 深度学习项目教程 / 宋桂岭，刘军伟，李克新主编． -- 北京：机械工业出版社，2024.9（2025.1 重印）． -- （高等职业教育系列教材）． -- ISBN 978-7-111-76433-5

Ⅰ．TP181

中国国家版本馆 CIP 数据核字第 2024K20H09 号

机械工业出版社（北京市百万庄大街 22 号　邮政编码 100037）
策划编辑：李培培　　　　　　责任编辑：李培培
责任校对：肖　琳　刘雅娜　　责任印制：常天培
北京机工印刷厂有限公司印刷
2025 年 1 月第 1 版第 2 次印刷
184mm×260mm・13.75 印张・354 千字
标准书号：ISBN 978-7-111-76433-5
定价：59.00 元

电话服务　　　　　　　　　网络服务
客服电话：010-88361066　　机　工　官　网：www.cmpbook.com
　　　　　010-88379833　　机　工　官　博：weibo.com/cmp1952
　　　　　010-68326294　　金　书　网：www.golden-book.com
封底无防伪标均为盗版　机工教育服务网：www.cmpedu.com

Preface 前言

随着信息技术的飞速发展和互联网的迅猛普及，人工智能作为一个引人注目的领域，正在迎来前所未有的繁荣时期。而深度学习作为人工智能的核心技术之一，已经在各个领域展现出了巨大的潜力和应用价值。PyTorch 作为一种快速发展的深度学习框架，以其灵活性、易用性和强大的性能成了研究人员和工程师们的首选。

本书结合人工智能的新发展，为读者提供由浅入深的项目平台。不仅注重技术知识的传授，更重视思政素质的培养。在教学内容的设计上，特别强调了社会主义核心价值观的教育，引导读者树立正确的人工智能伦理观和数据隐私保护意识。

人工智能当前的热点技术为深度学习。本书旨在帮助读者全面了解深度学习的基本原理和 PyTorch 的使用方法，讲解其在实际应用中的技术路线和调试技巧。本书紧密结合党的二十大精神，引导读者深刻理解国家的人工智能发展战略，激发爱国热情和责任感，培养成为有理想、有担当、有能力的社会主义建设者和接班人意识。

全书共分 8 个项目，每个项目都针对不同的深度学习任务，通过 Python 语言和 PyTorch 框架，展示了深度学习技术的运用。全书采用理论与项目实践相结合的方式，深入浅出地剖析了深度学习的具体应用，介绍了图像分类、识别、分割、文本翻译和内容生成等不同领域的项目案例。

项目 1 为手写数字识别。介绍了 PyTorch 的环境安装、手写识别数据集的下载、手写识别算法的实现等基础知识。通过一个简单的手写数字识别小实验，带领读者进入深度学习的世界。

项目 2 为二维曲线拟合。介绍了 PyTorch 语法基础，围绕回归与预测相关任务，详细介绍了神经网络的设计、训练、评价、优化和推理的工作流程，让读者深入理解深度学习的基本思想和技术知识。

项目 3、项目 4 为图像分类项目，项目 3 采用了多层感知机网络完成了猫狗图像分类，项目 4 使用卷积神经网络（CNN）替换了项目 3 中的多层感知机全连接网络，并介绍了经典的神经网络模型，如 AlexNet、VGGNet、ResNet 等。通过图像分类项目，读者可以体会到深度学习技术的强大之处。其中项目 3 侧重介绍了数据集的处理方法和训练方法，并讲解了损失函数和评价函数的作用；项目 4 则从卷积神经网络的角度，介绍了 CNN 的基本概念、经典网络等内容，通过从 0 到 1 搭建一个又一个网络模型，帮助读者了解深度学习的项目调试过程，不断提高图像分类的准确率。

项目 5 为文本翻译。介绍了 Transformer 模型原理及其 PyTorch 中的实现，梳理了自然语言处理的相关知识，并对 PyTorch 实现的 Transformer 模型接口进行了梳理。无论是学生还是科技实践者，都可以快速调参和优化网络结构，提高自己在深度学习领域应用的能力。

项目 6 为食品加工人员异常行为检测。介绍了异常行为分析系统的设计与实现思路，主要介绍了目标检测算法 YOLO，这是一种基于深度学习技术的目标检测算法，广泛应用于智能交通、工业质量检测等多个领域。

项目 7 为工业检测图像分割。给出了图像分割方法的设计与实现，涵盖了图像语义分割等相关技术，重点讲解了 UNet 模型，帮助读者了解其实现原理和实际应用。

项目 8 为内容智能生成。实现了人工智能内容生成方面（AIGC）的常见项目需求，包括图像超分辨率重建、文生文、文生图、图生图、图生文等。主要通过实际案例的分析，带领读者探究当前深度学习领域中主流 AI 大模型的应用技巧。

愿本书能够成为读者深入学习掌握 PyTorch 和深度学习的重要参考，也期待读者通过学习与实践，具备人工智能项目的实际开发能力。我们期待，通过本书的学习，读者不仅能够掌握人工智能领域的专业知识，更能够在思想上得到升华，为实现中华民族的伟大复兴贡献自己的力量。

在本书写作过程中，从内容选题到确定思路，从资料搜集、拟定提纲到内容的编写与修改以及诸多算法和实验的梳理，得到无锡日联科技股份有限公司、江苏森蓝智能系统有限公司等合作企业的大力支持，在此特别表示感谢。另外，对所有关心本书的学者、同人表示感谢。

本书在编写过程中，参考和引用了大量国内外的著作、论文和研究报告，在此向所有被参考和引用论著的作者表示由衷的感谢，他们的辛勤劳动成果为本书提供了丰富的资料。

由于编者水平有限，书中难免存在疏漏与不妥之处，敬请读者批评指正。

编　者

目 录 Contents

前言

项目 1　手写数字识别 ... 1

项目背景 ... 1
任务 1.1　初识深度学习 ... 1
任务 1.2　配置 PyTorch 开发环境 ... 3
　1.2.1　PyTorch 概述及硬件要求 ... 3
　1.2.2　Anaconda 的下载及安装 ... 4
　1.2.3　CUDA 工具包的下载及安装 ... 7
　1.2.4　PyTorch 的安装及配置 ... 10
　1.2.5　PyCharm 的下载及安装 ... 10
任务 1.3　快速完成手写数字识别功能 ... 15
　1.3.1　MNIST 手写数字识别数据库概述 ... 15
　1.3.2　手写数字识别实现 ... 16
　1.3.3　手写数字识别测试 ... 19
习题 ... 20

项目 2　二维曲线拟合 ... 21

项目背景 ... 21
任务 2.1　理解曲线拟合需求 ... 21
任务 2.2　掌握 PyTorch 的基本语法 ... 23
　2.2.1　Tensor 的创建 ... 23
　2.2.2　Tensor 索引操作 ... 25
　2.2.3　Tensor 形状变换 ... 26
　2.2.4　PyTorch 的数学运算 ... 27
　2.2.5　广播机制 ... 30
　2.2.6　Tensor 和 NumPy 的转换 ... 30
　2.2.7　在 GPU 上操作 ... 31
任务 2.3　搭建二维曲线数据集 ... 32
任务 2.4　搭建网络结构 ... 36
　2.4.1　神经网络概述 ... 36
　2.4.2　激活函数 ... 36
　2.4.3　多层感知机 ... 38
任务 2.5　训练神经网络模型 ... 41
　2.5.1　正向传播 ... 41
　2.5.2　损失函数 ... 42
　2.5.3　训练迭代与反向传播 ... 43
　2.5.4　训练迭代过程 ... 44
任务 2.6　网络推理 ... 49
任务 2.7　模型结构分析 ... 50
任务 2.8　拟合更多的二维曲线 ... 52
习题 ... 54

项目 3　猫狗图像分类 ... 55

项目背景 ... 55
任务 3.1　准备猫狗数据集 ... 55
　3.1.1　创建猫狗分类数据集 ... 56
　3.1.2　数据集的读取与预处理 ... 57
任务 3.2　设计图像分类全连接网络 ... 60
任务 3.3　训练图像分类网络 ... 62
　3.3.1　训练日志记录 ... 62
　3.3.2　训练初始化 ... 63
　3.3.3　配置数据集 ... 64
　3.3.4　加载网络模型 ... 64

3.3.5	配置训练策略	65	
3.3.6	迭代训练	65	

任务 3.4　应用分类网络推理更多图片 …… 69

任务 3.5　认识深度学习的主要任务：回归与分类 …… 71
- 3.5.1　线性回归 …… 71
- 3.5.2　二分类与逻辑回归 …… 72
- 3.5.3　多分类问题处理 …… 73

习题 …… 74

项目 4　提升猫狗图像分类的准确率 …… 75

项目背景 …… 75

任务 4.1　多层感知机问题分析 …… 75

任务 4.2　卷积神经网络的引入 …… 78
- 4.2.1　卷积的概念 …… 78
- 4.2.2　添加步长 …… 80
- 4.2.3　填充边缘 …… 82
- 4.2.4　卷积神经网络结构 …… 83

任务 4.3　卷积网络结构编程实现 …… 83

任务 4.4　网络训练及结果评估 …… 86

任务 4.5　认识更多网络结构 …… 87
- 4.5.1　AlexNet 网络模型 …… 88
- 4.5.2　VGGNet 网络模型 …… 95
- 4.5.3　ResNet 网络模型 …… 102
- 4.5.4　MobileNet 网络模型 …… 112

习题 …… 115

项目 5　文本翻译 …… 116

项目背景 …… 116

任务 5.1　认知自然语言处理及相关技术 …… 116
- 5.1.1　自然语言处理的概念 …… 117
- 5.1.2　图灵测试 …… 118
- 5.1.3　自然语言处理技术的发展 …… 118

任务 5.2　构建中英文翻译数据集 …… 119

任务 5.3　搭建 Transformer 神经网络 …… 128
- 5.3.1　输入序列向量化 …… 128
- 5.3.2　位置编码 …… 130
- 5.3.3　编码器、解码器和输出序列化 …… 132

任务 5.4　训练 Transformer 网络 …… 134

任务 5.5　完成文本翻译推理 …… 142

任务 5.6　理解 Transformer 网络模型 …… 144
- 5.6.1　Transformer 模型结构 …… 144
- 5.6.2　Transformer 的输入和输出 …… 145
- 5.6.3　Transformer 的推理过程 …… 146
- 5.6.4　Transformer 的训练过程 …… 146
- 5.6.5　nn.Transformer 的构造参数 …… 147
- 5.6.6　nn.Transformer 的 forward 参数 …… 148

习题 …… 150

项目 6　食品加工人员异常行为检测 …… 151

项目背景 …… 151

任务 6.1　理解目标检测需求 …… 151

任务 6.2　数据采集及标注 …… 152
- 6.2.1　数据采集 …… 152
- 6.2.2　数据标注 …… 154
- 6.2.3　数据集构建 …… 157

任务 6.3　训练 YOLO 模型 …… 160
- 6.3.1　YOLO 工具包的安装 …… 161
- 6.3.2　配置文件修改 …… 163
- 6.3.3　训练模型 …… 163

任务 6.4　采用 YOLO 进行异常行为推理 …… 165

| 任务 6.5 掌握目标检测流程 …… 166 | 习题 …… 169 |

项目 7　工业检测图像分割 …… 170

项目背景 …… 170
任务 7.1　了解图像分割需求 …… 170
任务 7.2　数据集构建 …… 171
  7.2.1　数据标注 …… 171
  7.2.2　数据格式转换及数据集划分 …… 173
任务 7.3　图像分割网络训练 …… 177

  7.3.1　UNet 网络概述 …… 177
  7.3.2　UNet 网络的建立 …… 178
  7.3.3　创建 Dataset 类 …… 179
  7.3.4　进行网络训练 …… 181
任务 7.4　网络推理及结果评价 …… 184
习题 …… 188

项目 8　内容智能生成 …… 189

项目背景 …… 189
任务 8.1　了解人工智能内容生成相关
       概念 …… 190
任务 8.2　实现图像超分辨率重建 …… 191
  8.2.1　图像超分辨率技术 …… 191
  8.2.2　生成对抗网络技术 …… 192
  8.2.3　Real-ESRGAN 应用 …… 195
任务 8.3　实现自动问答 …… 198

  8.3.1　ChatGPT 技术概述 …… 198
  8.3.2　类 ChatGPT 本地化应用 …… 200
  8.3.3　问答提词器的设计技巧 …… 203
任务 8.4　实现 AI 绘画 …… 205
  8.4.1　扩散模型技术概述 …… 205
  8.4.2　Stable Diffusion UI 安装 …… 207
  8.4.3　AI 绘图实现 …… 207
习题 …… 210

参考文献 …… 211

项目 1　手写数字识别

项目背景

手写数字识别在很多领域都有着广泛的应用,包括邮局的邮件处理、银行的支票处理、自动化表单填写等。传统方法在处理手写数字识别问题时过于依赖人工制定的规则或者手工提取的特征,这种方法面临着泛化能力差、复杂度高的问题。而深度学习技术的出现彻底改变了这一局面。在手写数字识别方面,深度学习模型可将手写数字以图像像素形式输入,通过逐层学习并抽取特征,最后得到准确的分类结果,整个过程不需要依赖人工提取特征,而是通过模型自身学习到的有效特征表示。本项目为深度学习入门的经典案例,目的是帮助学生踏入深度学习的世界,了解代码实验环境的安装、数据集的下载和神经网络算法实现等基础知识。

项目背景

知识目标:
- 理解人工智能、机器学习和深度学习的基本概念。
- 熟悉机器学习的基本工作流程,包括数据预处理、模型训练、模型评估和模型部署。
- 掌握 Python 绘图库 PyPlot 的基本使用方法,能够绘制手写数字识别过程中的曲线图。
- 掌握 PyTorch 框架的基本使用方法,能够构建、训练和测试一个简单的手写数字识别神经网络。

能力目标:
- 能够独立搭建 Anaconda 开发环境,包括 Python、NumPy、Matplotlib 等库的安装。
- 能够访问英伟达官网并按照指南完成 CUDA 环境的安装及配置,以便支持 GPU 加速计算。
- 能够独立完成 PyTorch 框架的安装及配置,并在 PyTorch 环境中实现手写数字识别模型。

素养目标:
- 培养批判性思维和分析问题的能力:通过分析手写数字识别问题的挑战,学会提出合理的解决方案,并对结果进行批判性分析。
- 培养实践操作能力:通过动手实践,加深对深度学习概念和算法的理解,提高解决实际问题的能力。
- 培养对人工智能领域的兴趣和责任感:通过探索手写数字识别技术,激发对人工智能领域的兴趣,并认识到技术对社会的影响和责任。

任务 1.1　初识深度学习

初识深度学习

人类具有复杂而强大的思维能力,能够合理分配资源,并可以预见和应对不断变化的威胁因素,从而使得人们的生存条件不断优化。自计算机科学与技术诞生以来,科学家们一直致力于研究开发一套类似人脑工作机制的计算机系统,并称之为**人工智能**。在人工智能发展的初期,正是借着对人脑机制的初步认识,开启了人工智能的第一个高潮。1958 年,在标志人工智能诞生的达特茅斯会议之后仅仅两年,美国学者弗兰克·罗森布拉特就提出了**感知器**,这是一种参数可变的单层神经网络模型,是人类第一次把自己所具备的学习功能用算法模型的形式表达出来,提出了许多机器学习的核心概念,即让机器从样本数据中学习知识特征,并在未知数据中进行推理的能力,孕育了今天**人工神经网络**的雏形。

然而,受限于当时机器的计算和存储能力,以及能够感知外部世界活动的传感器硬件的匮乏,此时人工神经网络只限于对有限问题的求解,其表现反而不如人工设计的特征,因此基于模式特征提取的机器学习相关研究更为活跃。自 1980 年起,以决策树、贝叶斯模型和支持向量机为代表的机器学习技术得到了快速发展,通过**特征工程(Feature Engineering)**,利用专家经验,人为对数据进行清洗提炼,让计算机具备一定的环境理解和预测推理能力,其流程如图 1-1 所示。

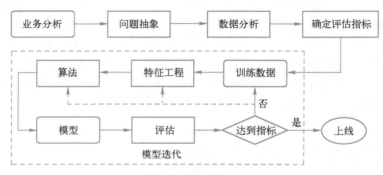

图 1-1 传统机器学习算法处理流程

1980—2000 年间,由于数据获取能力和服务器算力有限,上述以算法和开发经验为驱动的机器学习系统在解决实际问题时,并未取得显著优势,仅仅在特定领域中进行了应用,如机器人操作系统、推荐系统等。

21 世纪以来,随着物联网和传感器技术的发展,人类进入了万物互联时代,在量化世界的大数据道路上飞速前进。通过大数据技术,量化世界所获得的海量数据资源以及以云计算技术为支撑的空前计算能力,终于使得人们将知识的自动获取成为现实。20 世纪 80 年代所提出的算法,例如,1985 年辛顿和谢诺夫斯所提出多层神经网络的学习机制,以及 1986 年罗姆哈特和辛顿所提出的反向传播算法等,在大数据和云计算时代展现了巨大的生命力。多层的神经元网络具有了可以自动调节神经元连接的权重,进而实现了不断优化目标函数的学习功能。近十几年,计算机科学家们提出了包括像卷积神经网络等一系列神经元网络结构,使得神经元网络可以自动提取对学习有意义的数据特征,这一过程被命名为**深度学习**,并成为人工智能当前最主要的研究领域之一。深度学习与传统基于特征工程的机器学习相比,其最突出的能力在于它可以自动学习数据特征的分布规律,机器学习与深度学习的区别如图 1-2 所示。人们把深度学习基于样本数据集自主进行特征提取的过程称为**训练**,在新的数据集上进行预测的过程称为**推理**。

目前,深度学习技术仍处于高速发展的状态,其本身在创造崭新的社会形态和经济结构,对现在和未来生活的影响无处不在。今天人工智能的产业化,正在走向"智能能源化"的产业模式,即通过设计先进算法,整合多模态大数据,汇聚大量算力,训练出通用的、可迁移的

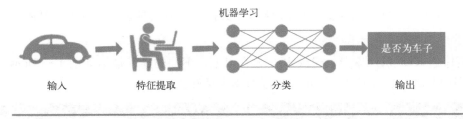

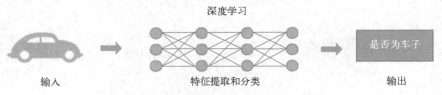

图 1-2　机器学习与深度学习的区别

深度学习大模型,来服务于不同的应用领域和解决实际问题。这样的"大模型"作为对大数据的归纳和抽象,成为一种"预训练模型",并作为构造各种人工智能解决方案的基础。从 2018 年 10 月 Google 发布了 3.4 亿参数的 BERT 模型,2020 年 5 月 OpenAI 发布了 1750 亿参数的 GPT-3 模型,到目前商业化的万亿多模态大模型,这样的大模型把大数据转化成一种"智能能源",在通用的大模型基础之上,用户可以使用自己特有的数据对模型进行小计标量的微调迁移,以达到具体应用目的。

不同维度的深度学习模型,建立了完整的人工智能化产业体系,人工智能应用的普适性特征越来越明显,只要人们面临着数据驱动和知识驱动的决策行为的需要,人工智能就有其用武之地。在智慧城市、自动驾驶、制药、金融、设计、医疗、工业生产等众多领域,人工智能系统都能成为数据驱动和知识驱动的决策者。因此,人工智能特别是深度学习技术已经成为当前计算机技术相关从业人员的必备技能。

下面通过一个例子来体验深度学习算法的强大性能。"手写数字识别"被称为深度学习领域的"Hello World",是深度学习入门的第一个任务,主要是通过构建多层神经网络模型,在已有的样本数据集上进行训练,让模型具备识别其从未见过的新数据的能力。

任务 1.2　配置 PyTorch 开发环境

在进入项目开发之前,需要完成深度学习开发环境的配置,本节主要讲述 PyTorch 的基础知识及其软件环境和硬件配置要求,并采用 PyCharm 软件作为开发工具。

1.2.1　PyTorch 概述及硬件要求

PyTorch 是一个基于 Python 的科学计算库,是一个用于构建深度学习模型的开源机器学习框架。PyTorch 提供了一组用于构建、训练和部署深度学习模型的工具和接口,自 2017 年 1 月由 Facebook 人工智能研究院(FAIR)团队在 GitHub 上(https://www.github.com/pytorch)以开源方式推出以来,因其架构设计符合人类思维、语法简洁、开发高效、运行快速、学习资料丰富、官方答疑及时,特别是入门简单等优点,迅速占领了当时的 GitHub 热度榜榜首。时至今日,PyTorch 已成为热门的深度学习框架之一。

PyTorch 概述及硬件要求

PyTorch 基于 GPU 进行加速，因此要学习相关技术，需要具备相应的硬件基础。

1. 显卡

推荐英伟达 RTX 系列显卡，建议 8GB 显存以上，不同的显卡规格如图 1-3 所示。其中重要指标为 CUDA 核心数量和显存容量，一般值越大越好。

	GeForce RTX 4090	GeForce RTX 4080	GeForce RTX 4070 Ti	GeForce RTX 4070	GeForce RTX 4060 Ti	GeForce RTX 4060
NVIDIA CUDA 核心数量	16384	9728	7680	5888	4352	3072
加速频率 (GHz)	2.52	2.51	2.61	2.48	2.54	2.46
显存容量	24 GB	16 GB	12 GB	12 GB	16 GB 或 8 GB	8 GB
显存类型	GDDR6X	GDDR6X	GDDR6X	GDDR6X	GDDR6	GDDR6

图 1-3　不同的显卡规格

2. CPU

拥有高速多核心的 CPU 可提供更好的计算性能，至少 2 GHz 及以上的时钟速率，一般选择 Intel 酷睿 i7 或 AMD 锐龙 9 以上的 CPU。

3. 内存

至少 16 GB 内存，建议 32 GB 或 64 GB 内存。

4. 硬盘

由于深度学习需要读取大量数据进行训练，在硬盘中需要有足够空间以保存数据和模型参数，一般选择 1 TB 以上 SSD 固态硬盘。

1.2.2　Anaconda 的下载及安装

在完成硬件配置后，即可进行 PyTorch 安装环境的配置。深度学习领域工具包多，更新活跃，开发环境的安装和配置是学习深度学习技术重要的环节。PyTorch 官方推荐采用 Anaconda 进行开发环境的维护管理。Anaconda 软件是一种便捷获取程序包并对包进行统一管理的工具，包含了超过 180 个科学包及其依赖项，其官网为 https://www.anaconda.com。

Anaconda 的下载及安装

考虑网络下载速度，这里推荐采用清华大学开源软件镜像站，进入 Anaconda 工具的下载页面，该页面按时间顺序排列，可以通过单击【Date】旁的下箭头【↓】，修改排序为时间最近优先，如图 1-4 所示。

可以根据操作系统环境下载安装程序，下面以"Anaconda3-2023.03-Windows-x86_64.exe"程序为例介绍安装过程。

1）单击下载好的安装程序，正式开始安装，界面如图 1-5 所示，单击【Next】按钮，进入下一步。

2）在弹出的"License Agreement"对话框中，单击【I Agree】按钮，进入下一步操作，如图 1-6 所示。

图 1-4　清华大学开源软件镜像站中 Anaconda 工具的下载页面

图 1-5　Anaconda3 开始安装界面

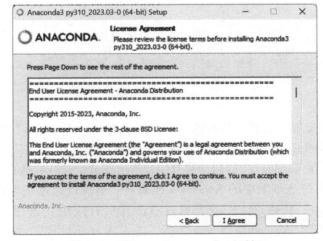

图 1-6　"License Agreement" 对话框

3）在弹出的"Select Installation Type"对话框中，选择"Just Me"单选框，如图1-7所示，然后单击【Next】按钮，进入下一步。

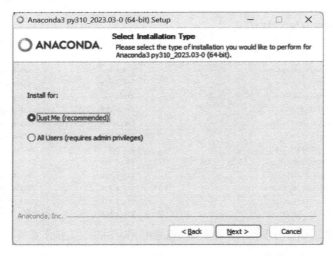

图1-7 "Select Installation Type"对话框

4）在弹出的"Choose Install Location"对话框，选择对应的安装位置，由于在实际开发中，要经常下载第三方开发库，在计算机上选择安装位置时，要预留足够的硬盘空间，可以通过单击【Browse…】按钮更换安装位置，如图1-8所示。这里选择了D盘。

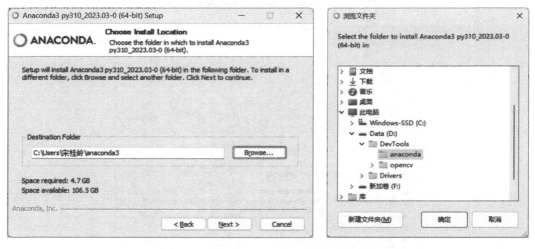

图1-8 "Choose Install Location"对话框

5）按照推荐步骤安装，注意务必勾选"Create start menu shortcuts"复选框。继续安装过程，直至出现"Completing Setup"对话框，如图1-9所示。

6）安装结束后，在Windows11的启动菜单中，将出现最新安装项目的快捷图标，如图1-10所示，单击该图标即可进入到对应的Anaconda控制台。也可以通过在启动菜单对话框最上方搜索"Anaconda Prompt"快速进入；或者通过右击【所有应用】按钮，按照字母顺序查找"Anaconda Prompt"。单击Anaconda Prompt图标，进入Anaconda控制台。

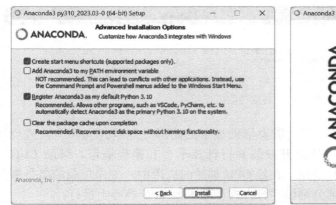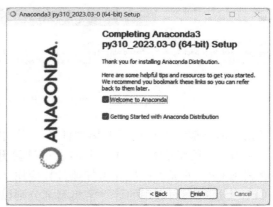

图 1-9　勾选创建开始菜单

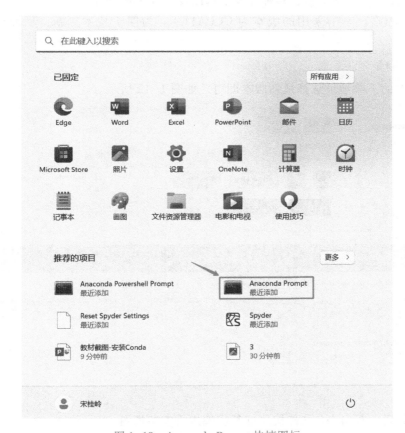

图 1-10　Anaconda Prompt 快捷图标

7）在弹出的 Anaconda 控制台中，输入"python"，出现如图 1-11 所示的信息，证明 Python 安装成功，输入"exit()"退出 Python 环境，关闭对话框。

1.2.3　CUDA 工具包的下载及安装

一般而言，计算机的中央处理器（CPU）会针对单线程性能进

CUDA 工具包的下载及安装

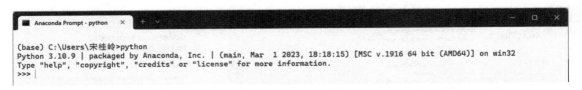

图 1-11 Python 安装成功验证图示

行优化,但不擅长处理计算密集型任务,因此需要借助显卡的图形处理单元(GPU)进行计算。CUDA 是英伟达专为 GPU 上的通用计算开发的并行计算平台和编程模型。借助 CUDA,能够利用 GPU 的强大性能显著加速计算应用。在经 GPU 加速的应用中,工作负载的串行部分在 CPU 上运行,而应用的计算密集型部分则以并行方式在数千个 GPU 核心上运行。

英伟达的 CUDA 工具包提供了开发 GPU 加速应用所需的所有内容。CUDA 工具包中包含多个 GPU 加速库、一个编译器、多种开发工具以及 CUDA 运行环境。

CUDA 版本较多,本书采用的版本为 CUDA11.8。为便于技术更新,下面也给出了安装 CUDA 的步骤。

1. 安装 CUDA

打开 CUDA 的下载地址选择最新版本即可,如图 1-12 所示。

图 1-12 CUDA 下载界面

在完成下载后,双击 exe 文件按照推荐步骤进行安装即可。

2. 下载 cuDNN

NVIDIA CUDA® 深度神经网络库(cuDNN)是一个 GPU 加速的深度神经网络基元库,能够以高度优化的方式实现神经网络中的前向和反向卷积、池化层、归一化和激活层等操作。借助 cuDNN,我们可以专注于训练神经网络及开发软件应用,而不必花时间进行低层级的 GPU 性能调整。cuDNN 可加速常见的深度学习框架,包括 PyTorch、TensorFlow、Caffe2、PaddlePaddle、Chainer、Keras、MATLAB、MxNet 等。

单击网页上的【下载 cuDNN】按钮后,会要求登录或者注册英伟达开发者账号。按照官方提示通过电子邮箱注册账号即可，支持 QQ 邮箱、网易邮箱等大多数邮箱系统。注册后还可以通过微信、QQ 等多种方式登录。

由于下载 cuDNN 会跳转到国外网址，访问速度较慢，需要耐心等待，选择下载英伟达 CUDA 版本所对应的 cuDNN 压缩包即可，下载界面如图 1-13 所示。

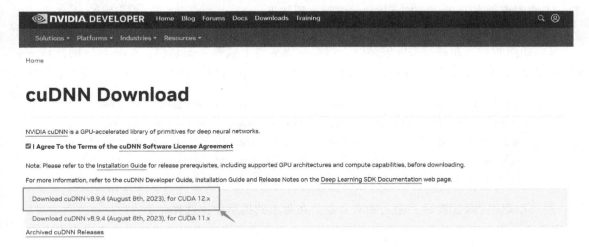

图 1-13　英伟达 cuDNN 下载网址界面

3. 安装 cuDNN

解压下载后的 cuDNN 压缩包，选中其中 bin、include 和 lib 三个文件夹，复制到 cuda 安装目录下，一般为 C:\Program Files\NVIDIA GPU Computing Toolkit\CUDA\v12.x，其中 v12.x 为版本号，部分深度学习库需要安装英伟达 11.x 版本，可按照本节操作自行安装对应版本，如图 1-14 所示。

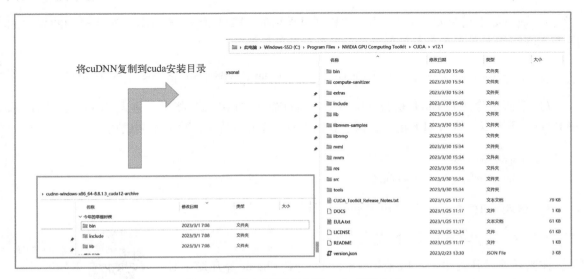

图 1-14　将 cuDNN 复制到 cuda 安装目录

1.2.4 PyTorch 的安装及配置

在 Anaconda 环境下安装 PyTorch 的基本过程为：①创建工作环境；②激活某个工作环境；③配置工作环境，安装 PyTorch 特定版本；④使用该版本 PyTorch 进行开发。详细过程如下。

1）重复 1.2.2 中步骤 6）的操作，进入 Anaconda 控制台。

2）如前所述，在进行实际安装时，需要从服务器下载很多安装包，Anaconda 的默认安装包服务器位于国外，访问速度较慢，通过输入如下指令，可以切换为国内源，提高下载速度：

```
conda config --add channels https://mirrors.tuna.tsinghua.edu.cn/anaconda/pkgs/free/
conda config --add channels https://mirrors.tuna.tsinghua.edu.cn/anaconda/pkgs/main/
conda config --add channels https://mirrors.tuna.tsinghua.edu.cn/anaconda/cloud/conda-forge/
conda config --add channels https://mirrors.tuna.tsinghua.edu.cn/anaconda/cloud/msys2/
conda config --set show_channel_urls yes
```

3）完成国内源配置后，输入如下命令，在弹出的提示中，选择"Y"：

```
conda create -n learn-pytorch python=3.9
```

4）安装后，输入如下指令，即可切换到 PyTorch 的工作环境：

```
conda activate learn-pytorch
```

5）切换到 learn-pytorch 环境后，首先通过以下指令设置安装工具 pip 为国内源，用来提高安装速度。通过"pip config list"指令，可以查看是否设置成功：

```
pip config set global.index-url https://pypi.tuna.tsinghua.edu.cn/simple
```

6）通过如下指令安装 PyTorch，注意这里采用的 CUDA 为 11.8 版本，安装成功的界面如图 1-15 所示。

```
pip3 install torch torchvision torchaudio --index-url https://download.pytorch.org/whl/cu118
```

7）下面来验证 PyTorch 是否可以使用，通过输入"python"指令，进入 Python 程序环境。在 Python 环境下，输入如下指令，得到如图 1-16 所示的结果，验证安装成功。

```
import torch
print(torch.cuda.is_available())
```

8）输入 exit() 指令，可退出 Python 环境。

1.2.5 PyCharm 的下载及安装

在实际项目开发中，一般采用 VS Code 或 PyCharm 等开发工具进行项目开发，本书采用 PyCharm。官方下载网址为 https://www.jetbrains.com/pycharm/download/#section=windows，如图 1-17 所示，如果有 .edu 邮箱，可以下载专业版（Professional），否则可以下载社区版（Community）。

```
Anaconda Prompt - conda ac
  Using cached https://download.pytorch.org/whl/networkx-3.0-py3-none-any.whl (2.0 MB)
Collecting jinja2 (from torch)
  Using cached https://download.pytorch.org/whl/Jinja2-3.1.2-py3-none-any.whl (133 kB)
Collecting numpy (from torchvision)
  Downloading https://download.pytorch.org/whl/numpy-1.24.1-cp39-cp39-win_amd64.whl (14.9 MB)
     ---------------------------------------- 14.9/14.9 MB 10.6 MB/s eta 0:00:00
Collecting requests (from torchvision)
  Using cached https://download.pytorch.org/whl/requests-2.28.1-py3-none-any.whl (62 kB)
Collecting pillow!=8.3.*,>=5.3.0 (from torchvision)
  Downloading https://download.pytorch.org/whl/Pillow-9.3.0-cp39-cp39-win_amd64.whl (2.5 MB)
     ---------------------------------------- 2.5/2.5 MB 4.4 MB/s eta 0:00:00
Collecting MarkupSafe>=2.0 (from jinja2->torch)
  Downloading https://download.pytorch.org/whl/MarkupSafe-2.1.2-cp39-cp39-win_amd64.whl (16 kB)
Collecting charset-normalizer<3,>=2 (from requests->torchvision)
  Using cached https://download.pytorch.org/whl/charset_normalizer-2.1.1-py3-none-any.whl (39 kB)
Collecting idna<4,>=2.5 (from requests->torchvision)
  Using cached https://download.pytorch.org/whl/idna-3.4-py3-none-any.whl (61 kB)
Collecting urllib3<1.27,>=1.21.1 (from requests->torchvision)
  Using cached https://download.pytorch.org/whl/urllib3-1.26.13-py2.py3-none-any.whl (140 kB)
Collecting certifi>=2017.4.17 (from requests->torchvision)
  Using cached https://download.pytorch.org/whl/certifi-2022.12.7-py3-none-any.whl (155 kB)
Collecting mpmath>=0.19 (from sympy->torch)
  Using cached https://download.pytorch.org/whl/mpmath-1.2.1-py3-none-any.whl (532 kB)
Installing collected packages: mpmath, urllib3, typing-extensions, sympy, pillow, numpy, networkx, MarkupSafe, idna, fil
elock, charset-normalizer, certifi, requests, jinja2, torch, torchvision, torchaudio
Successfully installed MarkupSafe-2.1.2 certifi-2022.12.7 charset-normalizer-2.1.1 filelock-3.9.0 idna-3.4 jinja2-3.1.2
mpmath-1.2.1 networkx-3.0 numpy-1.24.1 pillow-9.3.0 requests-2.28.1 sympy-1.11.1 torch-2.0.1+cu118 torchaudio-2.0.2+cu11
8 torchvision-0.15.2+cu118 typing-extensions-4.4.0 urllib3-1.26.13

(learn-pytorch) C:\Users\宋桂岭>
```

图 1-15　PyTorch 安装成功的界面

```
(learn-pytorch) C:\Users\宋桂岭>python
Python 3.9.17 | packaged by conda-forge | (main, Aug 10 2023, 06:55:58) [MSC v.1929 64 bit (AMD64)] on win32
Type "help", "copyright", "credits" or "license" for more information.
>>> import torch
>>> print (torch.cuda.is_available())
True
>>> exit()
```

图 1-16　PyTorch 安装验证结果

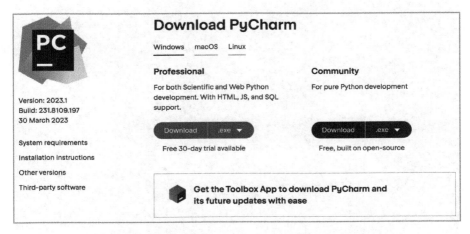

图 1-17　PyCharm 下载界面截图

PyCharm 的安装步骤较为简单，下载后按照提示安装即可。在 PyCharm 下可以类似 1.2.2 节控制台一样配置 Anaconda 的开发环境。具体步骤如下。

1）打开 PyCharm，首次使用界面如图 1-18 所示。

2）单击【New Project】按钮，创建新的项目，进入如图 1-19 所示界面，在 Location 文本

图 1-18　PyCharm 首次使用界面

框中，项目名称改为"chp1"。选择"Previously configured interpreter"单选项，单击【Add Interpreter】按钮，将弹出"Add Python Interpreter"对话框。

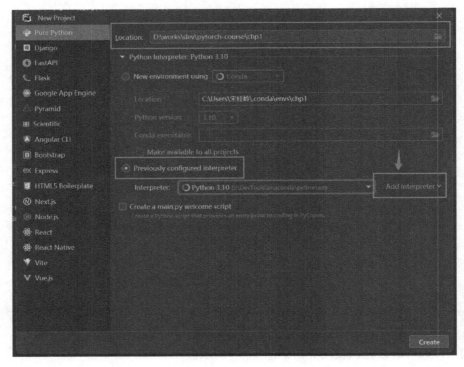

图 1-19　PyCharm 项目创建界面

3）在弹出的"Add Python Interpreter"对话框中，在"Conda executable"中选择1.2.2节创建的Python环境，在已安装的Conda目录下，选择"_conda.exe"可执行文件，如图1-20所示（笔者设置的路径为D：\DevTools\anaconda_conda.exe）。接下来单击【Load Environments】按钮，得到已安装的Python环境，在"Use existing environment"下拉列表框中，选择安装的PyTorch环境即可。配置结束后，单击【OK】按钮，系统回到如图1-19所示的创建界面，单击【Create】按钮即可完成项目创建。

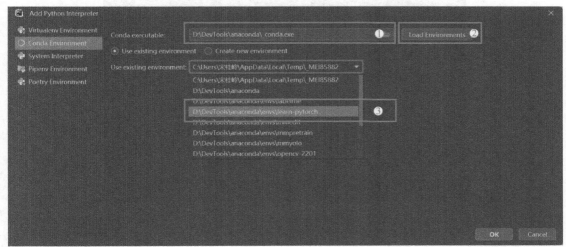

图1-20 添加之前安装的learn-pytorch环境

4）创建好的项目主界面如图1-21所示。

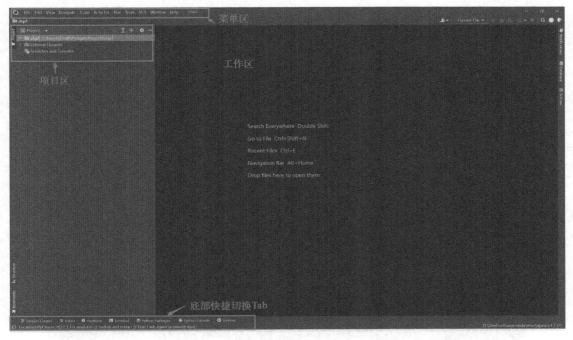

图1-21 项目主界面

5）右击项目区的"chp1"，选择【New】→【Python File】，创建Python文件，如图1-22

所示，文件命名为"main.py"。

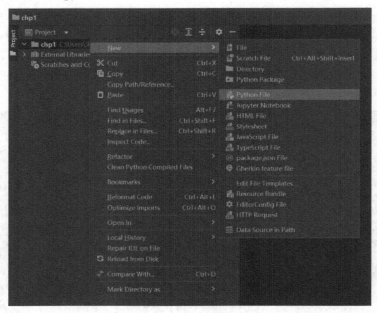

图 1-22　创建 Python 文件

6）在创建的 main.py 文件中添加如下代码，单击右上角的绿色【运行】三角按钮，检查项目是否能按预期执行，如图 1-23 所示。这里应确保 CUDA 环境安装成功。

```
import torch
print(torch.__version__)
print(torch.cuda.is_available())
```

图 1-23　系统运行结果

任务 1.3　快速完成手写数字识别功能

就像无数人从敲下"Hello World"开始代码之旅一样,许多研究员从"MNIST 数据集"开启了人工智能的探索之路。下面介绍项目实现过程。注意,本项目所涉及的算法和函数,暂时可以不必掌握,重点体验数据收集与可视化、模型创建、训练及评价的深度学习项目开发流程。

快速完成手写数字识别功能

1.3.1　MNIST 手写数字识别数据库概述

MNIST 数据集(Mixed National Institute of Standards and Technology database)来源于美国国家标准与技术研究所,是一个用来训练各种图像处理系统的二进制图像数据集,广泛应用于机器学习中的训练和测试。作为一个入门级的计算机视觉数据集,发布 20 多年来,它已经被无数机器学习入门者学习千万遍,是最受欢迎的深度学习数据集之一。

MNIST 数据集中的数字图片是由 250 个不同职业的人纯手写绘制,数据集官方网址为 http://yann.lecun.com/exdb/mnist/,其中 60000 张图片作为训练集数据,10000 张图片作为测试集数据,且每一个训练元素都是 28×28 像素的手写数字图片,每一张图片代表的是 0~9 中的每个数字。该数据集样例如图 1-24 所示。

图 1-24　MNIST 手写数字数据集样例

如果把每一张图片中的像素转换为向量,则得到长度为 28×28 = 784 维向量。因此可以把 MNIST 数据训练集看作是一个[60000,784]的张量,第一个维度表示图片的索引,第二个维度表示每张图片中的像素点,而图片里的每个像素点的值为 0~255,可以通过归一化方法将像素区间映射到 0~1 如图 1-25 所示。

MNIST 数据集的类标是 0~9 的数字,共 10 个类别,因此需要 1×10 的数组来标识每个类别,其中类别 0 表示为[1,0,0,0,0,0,0,0,0,0],类别 1 表示为[0,1,0,0,0,0,0,0,0,0],类别 2 表示为[0,0,1,0,0,0,0,0,0,0],依此类推。这种形式被称为独热编码(One-Hot Encoding),即用 N 个维度来对 N 个类别进行编码,并且对于每个类别,只有一个维度有效,记作数字 1,其他维度均记作数字 0。

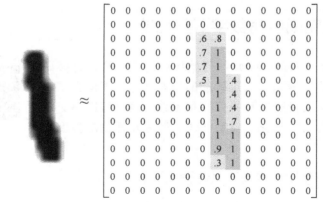

图 1-25 手写字符展示

1.3.2 手写数字识别实现

下面通过代码实现手写数字识别，具体步骤如下。

1) 在 chp1 项目中，创建 utils.py 文件，添加如下代码。

```python
import torch
from matplotlib import pyplot as plt

# 绘制曲线
def plot_curve(data, value):
    fig = plt.figure()
    plt.plot(range(len(data)), data, color='blue')
    plt.legend([value], loc='upper right')
    plt.xlabel('step')
    plt.ylabel(value)
    plt.show()


# 绘制图像
def plot_image(img, label, name):
    fig = plt.figure()
    for i in range(6):
        plt.subplot(2, 3, i+1)
        plt.tight_layout()
        plt.imshow(img[i][0] * 0.3081 + 0.1307, cmap='gray', interpolation='none')
        plt.title("{}: {}".format(name, label[i].item()))
        plt.xticks([])
        plt.yticks([])
    plt.show()


# 转换 label 编码为[0 0 0 1 0 0 0 0 0 0]格式
```

```python
def one_hot(label, depth=10):
    out = torch.zeros(label.size(0), depth)
    idx = torch.LongTensor(label).view(-1,1)
    out.scatter_(dim=1, index=idx, value=1)
    return out
```

代码中定义了 3 个函数，函数 plot_curve() 用于绘制数据集训练时的进度曲线，函数 plot_image() 用于绘制手写数字图像及其标签，函数 one_hot() 用于将标签数据转为 one_hot 数组。

2）创建名为 "mnist_recognize.py" 的文件，导入 torch 模块。

```python
import torch
from torch import nn
from torch.nn import functional as F
from torch import optim
import torchvision
from utils import plot_image, plot_curve, one_hot
```

3）在 "mnist_recognize.py" 文件中添加下载训练数据集的代码。

```python
# step1：读取训练集和测试集
batch_size = 512
train_loader = torch.utils.data.DataLoader(
    torchvision.datasets.MNIST('mnist_data', train=True, download=True,
                    transform=torchvision.transforms.Compose([
                        torchvision.transforms.ToTensor(),
                        torchvision.transforms.Normalize(
                            (0.1307,), (0.3081,)
                        )
                    ])),
    batch_size=batch_size, shuffle=True)
```

以上代码中，每次训练 512 个样本数据，并对这 512 个数据进行了归一化处理，即将原始图像中 [0,255] 区间的数据转为均值为 0.1307、标准差为 0.3081 的数据。关于归一化处理后面项目中会详细介绍，这里先按照示例代码实现功能。

4）在 "mnist_recognize.py" 文件中添加下载训练数据集的代码。

```python
test_loader = torch.utils.data.DataLoader(
    torchvision.datasets.MNIST('mnist_data/', train=False, download=True,
                    transform=torchvision.transforms.Compose([
                        torchvision.transforms.ToTensor(),
                        torchvision.transforms.Normalize(
                            (0.1307,), (0.3081,)
                        )
                    ])),
    batch_size=batch_size, shuffle=False)
```

5)实现下载数据的可视化,代码如下。

```
x, y = next(iter(train_loader))
print(x.shape, y.shape, x.min(), x.max())
plot_image(x, y, "image_sample")
```

6)通过右键的功能菜单运行程序,可以看到,PyTorch 将自动下载手写识别数据集和训练集,并输出训练集中前 6 个数据样本,运行结果如图 1-26 所示。

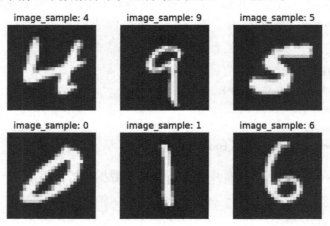

图 1-26 加载数据集的运行结果

7)在完成数据下载后,需要定义一个网络结构,继续添加如下代码。

```
# step2:定义一个3层网络模型
class Net(nn.Module):
    def __init__(self):
        super(Net, self).__init__()
        self.fc1 = nn.Linear(28 * 28, 256)
        self.fc2 = nn.Linear(256, 64)
        self.fc3 = nn.Linear(64, 10)

    def forward(self, x):
        # x:[b, 1, 28, 28]
        x = F.relu(self.fc1(x))
        x = F.relu(self.fc2(x))
        x = self.fc3(x)
        return x
# 创建网络实例
net = Net()
```

关于网络结构将在后续内容中做详细解释,这里知道 nn.Linear 为神经网络层次,F.relu 为激活函数即可。

8）进一步添加网络模型数据集训练代码。

```
# step3：网络模型训练
optimizer = optim.Adam(net.parameters(), lr=0.01)
train_loss = []
for epoch in range(3):
    for batch_idx, (x, y) in enumerate(train_loader):
        # 加载进来的图片是一个四维的tensor，x：[b, 1, 28, 28], y：[512]
        # 网络的输入要求是一个一维向量（也就是二维tensor），所以要进行展平操作
        x = x.view(x.size(0), 28 * 28)
        # [b, 10]
        out = net(x)
        y_onehot = one_hot(y)
        loss = F.cross_entropy(out, y_onehot)
        optimizer.zero_grad()
        loss.backward()
        # w' = w - lr * grad
        optimizer.step()
        train_loss.append(loss.item())
        if batch_idx % 10 == 0:
            print(epoch, batch_idx, loss.item())
plot_curve(train_loss, "train_loss")
```

运行程序，可以得到如图1-27所示的训练曲线，训练过程通过循环迭代，不断让网络得到预测结果，并比较预测值与真实值两者之间的差异，该差异称之为"损失"，显然差异越小，模型的效果越好，当预测值与真实值差异小于一定阈值时，称为网络收敛。

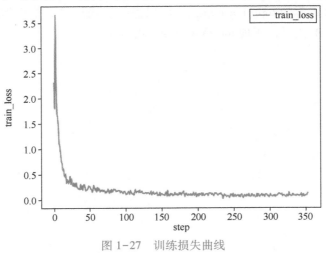

图1-27 训练损失曲线

1.3.3 手写数字识别测试

1）添加如下代码，完成网络模型效果的测试。

```
# step4：网络模型测试
```

```
    total_correct = 0
    for x, y in test_loader:
        x = x.view(x.size(0), 28 * 28)
        out = net(x)
        # out: [b, 10]
        pred = out.argmax(dim=1)
        correct = pred.eq(y).sum().float().item()
        total_correct += correct
    total_num = len(test_loader.dataset)
    acc = total_correct / total_num
    print("acc:", acc)
    x, y = next(iter(test_loader))
    out = net(x.view(x.size(0), 28 * 28))
    pred = out.argmax(dim=1)
    plot_image(x, pred, "test")
```

2）运行程序，得到的测试结果如下。

```
acc: 0.9691
```

说明网络模型对于测试集准确率为 96.9%。

习题

1）简述深度学习的应用领域。

2）1.3.3 节给出手写数字识别测试代码，实现了预测其中最为可能的值，并评估了其准确率，一般该评估方式称为 top-1 accuracy，可以进一步输出前 5 个可能的值，预测其 top-5 accuracy，修改 step4 的代码，实现 top-5 accuracy 的评估。

项目 2　二维曲线拟合

项目背景

在工业测量和检测任务中,曲线拟合是一个广泛应用的技术。曲线拟合是一种利用已知数据点来推测未知数据点的方法,常常用于分析传感器测量得到的数据,并根据这些数据预测未来的趋势。其难点在于如何找到最能代表数据特征的曲线,以最大限度地减小模型的误差。这种给定一组输入值,预测对应的输出值的任务被称为**回归任务**。本项目将通过代码构建一个基础的神经网络框架,围绕回归与预测相关任务,完成神经网络搭建、训练、评价、优化和推理的工作流程。

项目背景

知识目标:

- 理解 PyTorch 张量(Tensor)的基本概念,包括其创建、索引和形状变换的方法。
- 掌握 PyTorch 的数学运算及广播机制,能够进行张量间的运算操作。
- 熟悉 PyTorch 在 GPU 上的运算方法,以及如何将 PyTorch 张量与 MumPy 数组在 CPU 上进行转换。
- 掌握神经网络的基本概念,包括其结构、参数和训练过程。
- 理解多层感知机(MLP)的构成及其中的激活函数机制。
- 理解神经网络中的正向传播和反向传播机制,以及它们在训练过程中的作用。
- 掌握损失函数的选择和迭代优化机制,以及它们在神经网络训练中的重要性。

能力目标:

- 能够根据需求自定义 PyTorch 数据集类,遵循 PyTorch 数据集创建规则。
- 能够继承自 PyTorch 的 nn.Module 类,编写神经网络模型类的代码。
- 能够编写训练代码,包括数据加载、模型训练、损失计算和参数更新等步骤。
- 具备对网络模型性能进行初步评估的能力,包括计算损失函数值、准确率等指标。

素养目标:

- 具备项目化思维,能够对工作任务进行有效分解,并主动承担相应的任务。
- 具备较强的自主学习能力,能够主动探索并应用新的知识和技能。
- 具备创新意识,能够针对不同的曲线拟合场景提出新的解决方案。
- 能够从实际应用出发,思考和探索利用模型进行预测任务的应用场景。

任务 2.1　理解曲线拟合需求

理解曲线拟合需求

对于平面上给定的点 $(x_i, y_i)(i=0,1,2,\cdots,m)$,可寻找 y 与 x 之

间的近似函数关系 $y=\varphi(x)$，使得曲线 $y=\varphi(x)$ 能尽可能地靠近每个点 (x_i,y_i)，这就是**曲线拟合问题**，亦称为**离散函数最佳平方逼近问题**。

图 2-1 是对于离散点常见的几种拟合方法。

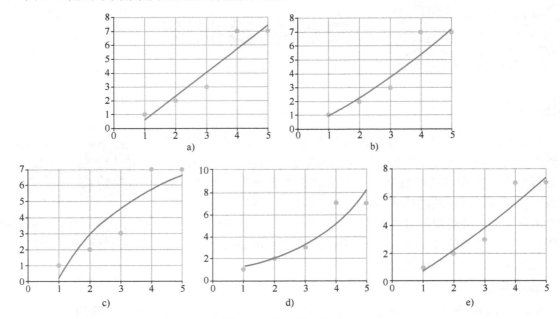

图 2-1 曲线集合方法

a）线性回归函数 $y=ax+b$ b）幂回归函数 $y=ax^b$ c）对数回归函数 $y=a+b\ln x$
d）指数回归函数 $y=ae^{-bx}$ e）多项式回归函数 $a_nx^n+\cdots+a_1x+a_0$

以上方法均假设了一个先验数学公式，实际情况是，类似的数学公式很难获得。例如，假设选择了线性拟合，如果数据本身不符合拟合曲线的模型，那么拟合结果可能出现偏差，甚至出现错误，一般称之为**欠拟合**。在某些情况下，拟合曲线可能出现过度拟合的问题，即过于复杂地描述了数据，导致在新的数据点上预测精度下降，一般称之为**过拟合**。尤其对于一些复杂的数据集，可能需要多个拟合曲线才能更好地描述数据，这会增加模型的复杂性和计算成本。三种拟合情况示例如图 2-2 所示。

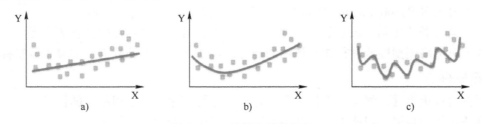

图 2-2 三种拟合情况示例

a）欠拟合 a_0+a_1x b）恰好拟合 $a_0+a_1x+a_2x^2$ c）过拟合 $a_0+a_1x+a_2x^2+a_3x^3+a_4x^4$

在不假设数学公式的前提下，有没有可能通过一种模型来拟合数据的分布，从而隐式地表达数据集的内部逻辑呢？这将是本项目要解决的问题。在具体实现相关表达模型之前，先学习 PyTorch 的基本语法。

任务2.2 掌握 PyTorch 的基本语法

PyTorch 作为一种基于 Python 的科学计算包，提供了简洁而灵活的语法，使得构建和训练神经网络变得非常方便，其目标包括替代 NumPy 以使用 GPU 的强大性能，以及提供最大的灵活性和速度。PyTorch 的核心数据结构是张量，它类似于 NumPy 中的多维数组。可以使用 torch.Tensor() 函数创建张量，并支持各种数学运算和操作。PyTorch 可通过 CUDA 利用 GPU 进行加速计算，通过 .to() 函数将张量或模型移动到 GPU 上，并通过 torch.cuda 模块来管理 GPU 设备。

2.2.1 Tensor 的创建

Tensor 的创建

在 PyTorch 中，Tensor 是指**多维张量**（数组），对应地，零维张量称之为标量，一维张量称之为向量，二维张量称之为矩阵，如图 2-3 所示。

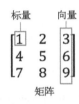

图 2-3 标量（点）、向量（线）、矩阵（图）

下面通过程序完成 Tensor 的创建，具体步骤如下。

1）打开 PyCharm 软件，选择【File】→【New Project】，在弹出的【New Project】对话框中，单击【Location】后的文件夹选择图标，选择创建项目 1 时建立的项目文件夹，如图 2-4 所示。

2）在弹出的【Select Base Directory】对话框中，选择新建目录图标，如图 2-5 所示。在弹出的【New Folder】对话框中，输入"chp2-fit-curve"，然后单击【OK】按钮关闭该对话框，再单击【Select Base Directory】对话框中的【OK】按钮，关闭对话框。

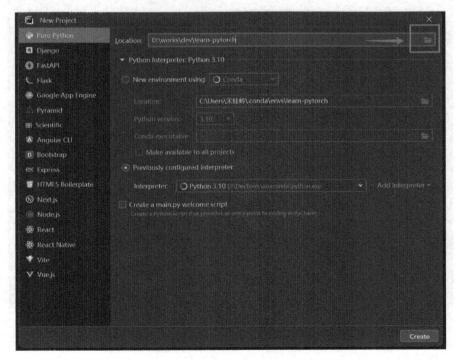

图 2-4 新建项目界面

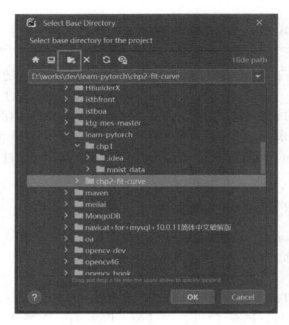

图 2-5　新建目录界面

3）在【New Project】对话框中，选择开发项目 1 时已经创建好的 PyTorch 开发环境，如图 2-6 所示，单击【Create】按钮创建项目。

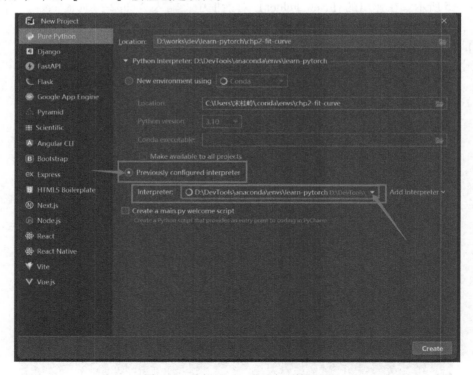

图 2-6　选择 PyTorch 开发环境界面

4）在已创建的"chp2-fit-curve"项目下，创建名为"tensor-learn.py"的 Python 程序文

件，并输入如下代码。

```
import torch

# 标量
scalar = torch.tensor(1)
# 向量
vector = torch.tensor([1,1])
# 矩阵
matrix = torch.tensor([[1,2],[3,4]])
# N 维张量
tensor_n = torch.rand(3,5,2)

# 输出结果
print(scalar)
print(vector)
print(matrix)
print(matrix.shape)
print(tensor_n)
print(tensor_n.shape)
```

以上代码创建了标量、向量、矩阵和 N 维张量等多个数据结构，其中调用了 torch.rand() 函数来创建一个随机数组成的 3×5×2 维张量。

2.2.2 Tensor 索引操作

Tensor 索引操作类似于 Python 数组的访问。在 "tensor-learn.py" 中添加如下代码，索引张量中的某个或某些元素。

```
# 访问向量中的第一个元素
print(vector[0])
# 访问矩阵中的第一行元素
print(matrix[0,:])
# 访问矩阵中的第二列元素
print(matrix[:,1])
# 访问三维张量中的最后一组矩阵中，除了第一行以外的数据
print(tensor_n[-1,1:-1,:])
```

在深度学习中，数据维度较高，以上代码的最后一行，给出了张量索引的一种方法，索引位置对应为[维数1,维数2,维数3,…,维数n]。其中：

- ":" 为返回该维度的所有值。
- "m:n" 可以返回从起始位置 m 到结束位置 n-1 的数组元素。
- 首个位置的索引编号为 0。
- 负数为从尾部计算索引位置，尾部的首个位置索引编号为 "-1"。

2.2.3 Tensor 形状变换

在深度学习计算中，为了进行数据的计算或者显示，往往需要对数据进行对齐，常见的操作包括维度交换、升降维度和改变形状等。

1. 维度交换

为了方便数据计算，经常需要进行数据维度的交换。在"tensorlearn.py"添加代码，将 114×228×3（高度×宽度×通道数）的 RGB 图片转换为 3×228×114（通道数×宽度×高度）的图片。

Tensor 形状变换——
1. 维度交换

```
# 模拟一张 RGB 图像
image = torch.randint(0, 255, (114, 228, 3))
print(image.shape)
# 输出为 torch.Size([114, 228, 3])，分别对应图像的高度、宽度和通道数
# 将 H × W × C 转换为 C × W × H
image = image.permute(2, 1, 0)
print(image.shape)
# 输出为 torch.Size([3, 228, 114])，分别对应图像的通道数、宽度和高度
```

2. 升降维度

可以通过 unsqueeze() 和 squeeze() 函数来实现维度的提升和降低，具体代码如下。

Tensor 形状变换——
2. 升降维度

```
# 提升维度
image = image.unsqueeze(0)
print(image.shape)
# 输出为 torch.Size([1, 3, 228, 114])
torch.Size([3, 228, 114])
# 降低维度
image = image.squeeze(0)
print(image.shape)
# 输出为 torch.Size([3, 228, 114])
```

squeeze 系列函数输入参数为提升或降低维度的位置编号，0 为第 1 维，1 为第 2 维，依此类推。

3. 改变形状

可以通过 reshape() 和 view() 函数改变张量的维度，具体代码如下：

Tensor 形状变换——
3. 改变形状

```
data = torch.randn(4, 4)
print("数据变形前的形状：{}".format(data.shape))
data = data.view(2,8)
print("数据 view 变形后的形状：{}".format(data.shape))
data = data.permute(1,0)
print("数据维度转换后的形状：{}".format(data.shape))
data = data.reshape(4, 4)
print("数据 reshape 变形后的形状：{}".format(data.shape))
```

输出为：

数据变形前的形状:torch.Size([4,4])
数据 view 变形后的形状:torch.Size([2,8])
数据维度转换后的形状:torch.Size([8,2])
数据 reshape 变形后的形状:torch.Size([4,4])

以上代码利用 permute 函数将第 0 和第 1 维度的数据进行了变换，得到了[8,2]形状的 Tensor，在这个新 Tensor 上利用 reshape 进行了维度变换操作，代码的最后一行，如果替换为 view，程序会报错，因为 permute 会让数据不连续，而 view 函数不能处理内存不连续 Tensor 的结构。

2.2.4 PyTorch 的数学运算

PyTorch 的数学运算 Part1

PyTorch 提供了包括加、减、乘、除、矩阵运算、指数、均值和方差等多种计算方法，以数据相加为例，PyTorch 提供的方法代码如下所示。

```
# 标量
scalar = torch.tensor(1)
# 向量
vector = torch.tensor([1,1])
# 标量与向量相加
print(vector+scalar)                    # 输出为 tensor([2,2])
print(torch.add(vector, scalar))        # 输出为 tensor([2,2])
print(vector.add(scalar))               # 输出为 tensor([2,2])
print(vector) # 输出为 tensor([1,1])，vector 本身没有被改变
print(vector.add_(scalar))
print(vector) # 输出为 tensor([2,2])，带有下画线的函数操作，会对当前值产生影响
```

PyTorch 的加、减、乘、除对应函数名称为 add、sub、mul 和 div，一般情况下采用+、-、*、/符号进行书写，从而更为简洁。如果对 tensor 的一个函数后加上了下画线，则表明这是一个 **in-place** 类型。in-place 类型是指，当在一个张量上进行操作之后，直接修改了张量本身，而不是返回一个新的张量。以上代码中 vector.add_(scalar)，直接修改了 vector 的值。PyTorch 中，如果用一个张量和一个数值进行算术操作，会让张量中的每个元素均与该数值进行相应的算术操作，这种操作称为广播机制，2.2.5 节会详细说明。

PyTorch 的矩阵运算如下。

```
a = torch.full([2,2], 3, dtype=torch.float)
# tensor([[3., 3.],
#         [3., 3.]])
b = torch.ones(2, 2)
# tensor([[1., 1.],
#         [1., 1.]])
torch.mm(a, b)          # 矩阵相乘
# tensor([[6., 6.],
```

```
#        [6., 6.]])
torch.matmul(a, b)    # 矩阵相乘
# tensor([[6., 6.],
#        [6., 6.]])
a @ b                 # 矩阵相乘
# tensor([[6., 6.],
#        [6., 6.]])
```

注意上述矩阵运算中代码的第一行,通过 full 函数初始化了值全为 3 的 2×2 矩阵,这里首先定义了元素类型 dtype=torch.float,因为矩阵运算需要浮点类型数据。PyTorch 支持的数据类型如表 2-1 所示。

表 2-1   PyTorch 支持的数据类型

数据类型	Tensor 数据自身类型	Tensor 类型
16-bit float	torch.float16/torch.half	torch.HalfTensor
32-bit float	torch.float32/torch.float	torch.FloatTensor
64-bit float	torch.float64/torch.double	torch.DoubleTensor
8-bit int(u)	torch.uint8	torch.ByteTensor
8-bit int	torch.int8	torch.CharTensor
16-bit int	torch.int16/torch.short	torch.ShortTensor
32-bit int	torch.int32/torch.int	torch.IntTensor
64-bit int	torch.int64/torch.long	torch.LongTensor
boolean	torch.bool	torch.BoolTensor

其中:
- tensor.type()返回的是数据所属的 Tensor 类型,如 torch.LongTensor 等。
- tensor.dtype()返回的是 Tensor 数据自身类型,如 torch.int8、torch.long 等。

在矩阵运算中,*运算符和 matmul 是不一样的,*表示矩阵中对应元素相乘,matmul 则表示矩阵相乘,mm 函数只能用于二维矩阵相乘,matmul 可以运用于任意维度,@ 是 matmul 的简略写法。

PyTorch 的数学运算 Part2

另外,PyTorch 中提供了 pow、sqrt、rsqrt、exp 和 log 等函数进行指数运算,示例代码如下。

```
a = torch.full([2, 2], 3)
# tensor([[3, 3],
#        [3, 3]])
a.pow(2)              # 二次方
# tensor([[9, 9],
#        [9, 9]])
b = a ** 2            # 二次方
# tensor([[9, 9],
#        [9, 9]])
```

```
b ** (0.5)                            # 开二次方
# tensor([[3., 3.],
#         [3., 3.]])

torch.sqrt(b.to(torch.double))        # 开二次方
# tensor([[3., 3.],
#         [3., 3.]], dtype=torch.float64)

torch.rsqrt(b.to(torch.double))       # 开二次方之后求倒数
# tensor([[0.3333, 0.3333],
#         [0.3333, 0.3333]], dtype=torch.float64)

a = torch.exp(torch.ones(2, 2))       # 指数操作
# tensor([[2.7183, 2.7183],
#         [2.7183, 2.7183]])

torch.log(a)                          # 默认以 e 为底
# tensor([[1., 1.],
#         [1., 1.]])
```

PyTorch 也提供了均值、方差和标准差的计算函数，给定一组样本数据，其均值 $\bar{x}$ 可以表示为

$$\bar{x} = \frac{1}{n} \sum_{i=1}^{n} x_i \tag{2-1}$$

对应地，其方差 σ^2 可以表示为

$$\sigma^2 = \frac{1}{n} \sum_{i=1}^{n} (x_i - \bar{x})^2 \tag{2-2}$$

PyTorch 的数学运算 Part3

标准差 σ 可以表示为

$$\sigma = \sqrt{\frac{1}{n} \sum_{i=1}^{n} (x_i - \bar{x})^2} \tag{2-3}$$

方差是统计学中常用的一个概念，是样本值与均值之差的二次方的平均值，在概率论和统计学中，方差是随机变量的离散程度的度量。方差越大，表示数据越分散；方差越小，表示数据越集中。标准差是指离均差二次方的算术平均数的二次方根。均值、方差和标准差的计算代码如下。

```
data = torch.Tensor([1, 2, 3])

# 1. 求均值
dat_mean = torch.mean(data)    # => dat_mean = tensor(2.), 均值为 2

# 2. 求方差
dat_var = torch.var(data)      # => dat_var = tensor(1.), 方差为 1
```

```
# 3. 求标准差
data_std = torch.std(data)  # => data_std = tensor(1.)，标准差为1
```

2.2.5 广播机制

在 PyTorch 中，广播（Broadcasting）是一种用于在不同形状的张量之间执行逐元素操作的机制。在进行逐元素操作时，如果两个张量的形状不完全匹配，PyTorch 会自动使用广播机制来进行形状的扩展，使得两个张量的形状相容，从而进行逐元素操作。

广播机制

广播机制遵循以下规则。

1）当两个张量的维度个数不同，将维度较少的张量通过在前面插入长度为 1 的维度来扩展，直到两个张量具有相同的维度个数。

2）当两个张量在某个维度上的长度不匹配时，如果其中一个张量在该维度上的长度为 1，那么可以通过复制该张量的值来扩展该维度，使得两个张量在该维度上的长度相同。

3）如果以上两个步骤无法使得两个张量的形状匹配，那么会抛出形状不兼容的错误。

广播机制可以应用于一系列的逐元素操作，如加法、减法、乘法、除法等。通过广播机制，可以方便地对形状不同的张量进行逐元素操作，避免了手动扩展张量的操作。

广播机制示例代码如下。

```
# 创建两个形状不同的张量
a = torch.tensor([[1, 2, 3], [4, 5, 6]])    # 形状为(2,3)
b = torch.tensor([10, 20, 30])              # 形状为(3,)

# 使用广播机制进行逐元素相加
c = a + b   # 广播机制会自动将b扩展为(2,3)，使得a和b的形状相同
print(c)
# 输出为 tensor([[11, 22, 33],
#                [14, 25, 36]])
```

2.2.6 Tensor 和 NumPy 的转换

Tensor 和 NumPy 的转换

NumPy 是机器学习和数据处理的 Python 基础库，其操作和 Tensor 类似，很多第三方库，如 OpenCV-Python 等，基于 NumPy 实现了数据预处理、数据增强等操作，下面给出 Tensor 和 NumPy 数据格式相互转换的代码。

```
import numpy as np
a = torch.tensor([4.0, 6])
print(a.dtype) # => torch.float32
b = a.numpy() # Tensor 转换为 NumPy
print(b.dtype) # => float32
c = torch.from_numpy(b) # NumPy 转换为 Tensor
print(c.dtype) # => torch.float32
```

2.2.7 在 GPU 上操作

在 GPU 上操作

深度学习的训练过程非常耗时，一个模型训练几个小时是家常便饭，训练几天也是常有的事情，有时候甚至要训练几十天。训练过程的耗时主要来自于两个部分，一部分来自数据准备，另一部分来自参数迭代。当数据准备过程是模型训练时间的主要瓶颈时，可以使用更多进程来准备数据。当参数迭代过程成为训练时间的主要瓶颈时，通常的方法是应用 GPU 来进行加速。继续在"tensor-learn.py"中输入 GPU 运算的代码，并查看运行结果。

```
if torch.cuda.is_available():
    device = torch.device("cuda")
    x = torch.randn(2, 3)
    print(x)

y = x.to(device)
print(y)

z = torch.randn(2, 3, device="cuda")
print(z)

# 同时在 GPU 上才能相加
print(y + z)

# 转换回 CPU
print(z.to("cpu"))
```

以上代码的输出，由于采用了随机函数，输出值可能不完全一致，主要观察 CUDA GPU 下数据结构有 device='cuda:0' 标记的。

```
tensor([[ 0.7657,  0.9442, -0.9257],
        [-0.3803,  0.7369,  1.6272]])
tensor([[ 0.7657,  0.9442, -0.9257],
        [-0.3803,  0.7369,  1.6272]], device='cuda:0')
tensor([[ 1.6826, -1.2715, -0.0682],
        [ 0.7506, -0.3174, -2.1981]], device='cuda:0')
tensor([[ 2.4482, -0.3273, -0.9939],
        [ 0.3703,  0.4195, -0.5709]], device='cuda:0')
tensor([[ 1.6826, -1.2715, -0.0682],
        [ 0.7506, -0.3174, -2.1981]])
```

需要注意，PyTorch 程序中的数据，要么同时位于 CPU，要么同时位于 GPU，才能进行数据间的数学运算、逻辑比较等操作。

任务 2.3　搭建二维曲线数据集

数据集是指在机器学习和数据分析中使用的一组数据样本，这些样本通常包括某个特定问题领域的实际观测数据及其真值。在掌握 PyTorch 基本编程方法的基础上，继续来创建二维曲线数据集，这里分别创建一个 $y=x^2$ 和一个 $y=\sin(x)$ 的曲线数据集，具体方法如下。

搭建二维曲线数据集 Part1

1）右击"chp2-fit-curve"项目，在弹出的下拉菜单中选择【New】→【Directory】，创建一个名为"dataset"的文件夹，如图 2-7 所示。

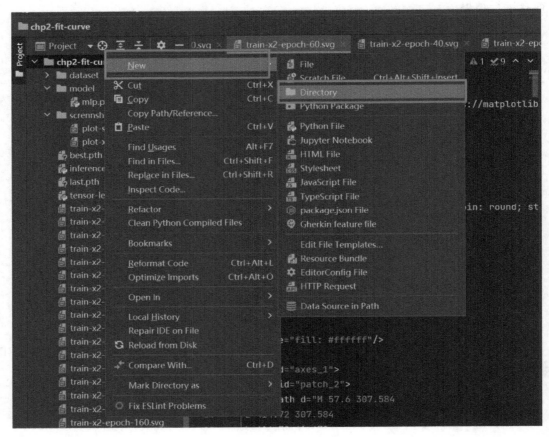

图 2-7　创建文件夹界面

2）右击新创建的 dataset 文件夹，在弹出的功能菜单中选择【New】→【Python File】，创建名为"curve_dataset.py"的 Python 文件。

3）在"curve_dataset.py"中添加如下代码，引用模块。

搭建二维曲线数据集 Part2

搭建二维曲线数据集 Part3

```
import numpy as np
from matplotlib import pyplot as plt
import torch
from torch.utils.data import Dataset
```

这里引入的 NumPy 矩阵和 PyPlot 绘图模块，读者可以自行查阅相关资料进行学习，本书只应用里面的 API，不作讲解。

PyTorch 在数据集构建上提供了一个 Dataset 抽象类。任何自定义的数据集都需要继承这个类并实现它的__getitem__()方法和__len__()方法。

4) 添加如下代码，自定义一个 CurveDataSetX2 类。

```python
class CurveDataSetX2(Dataset):
    def __init__(self, start, end, num=100):
        # arange 返回一个一维张量，参数1为初始值，参数2为结束值，参数3为步长
        self.x = torch.arange(start, end, (end - start) * 1.0 / num,
                              dtype=torch.float32).unsqueeze(1)  # 升维，满足 PyTorch Dataset 格式要求
        noise = torch.normal(0, 0.1, self.x.shape)
        self.y = self.x.pow(2) + noise

    def __getitem__(self, index):
        xi = self.x[index]
        yi = self.y[index]
        return xi, yi

    def __len__(self):
        return len(self.x)

    @staticmethod
    def x2(x):
        return x ** 2
```

CurveDataSetX2 类的初始化部分，通过 PyTorch 提供的 arange 函数初始化了一个[start, end)区间的点集，并通过添加噪声，模拟了真实的观测值，其中的 unsqueeze 用于实现数据升维，满足 PyTorch 的数据格式要求。CurveDataSetX2 类的最后，通过一个静态函数，实现了一个期望的真值，主要用于数据的可视化。

5) 在 "curve_dataset.py" 中添加一个名为 visualizing_data 的函数，用于进行数据的可视化展示，具体代码如下。

```python
def visualizing_data(func, x, y_predict, epoch=0, save=False, savePrefix=''):
    y = func(x)
    plt.figure()
    plt.title('curve(epoch={})'.format(epoch))
    plt.plot(x, y, color='red', linewidth=1.0, linestyle='-', label='ground truth')
    plt.plot(x, y_predict, color='blue', linewidth=1.0, linestyle='--',
             label='predict')
    plt.legend(loc='upper right')
    if save:
        plt.savefig('{0}-epoch-{1}.svg'.format(savePrefix, epoch), format='svg', dpi=300)
    plt.show()
```

visualizing_data 的第一个参数用来接收步骤 4）中定义的静态函数 x2(x)，获取输入的真值，这个函数中采用了 NumPy 数据格式，而非 Tensor 数据格式，方便利用 PyPlot 进行可视化。

6）在"curve_dataset.py"中添加测试代码，验证数据集创建函数的可用性。

```
if __name__ == '__main__':
    # y = x**2
    data = CurveDataSetX2(-2, 2, 100)
    print(len(data))
    x_begin, y_begin = data[0]
    print(f'begin: x={x_begin.item()}, y={y_begin.item()}')
    x_end, y_end = data[len(data)-1]
    print(f'end: x={x_end.item()}, y={y_end.item()}')
    visualizing_data(CurveDataSetX2.x2, data.x.squeeze(1).numpy(),
                    data.y.squeeze(1).numpy(), save=True, savePrefix='x2')
```

7）运行程序，代码运行结果如下，对应的可视化展示如图 2-8 所示，其中虚线为添加噪声后的数据，实现为期望的函数模型。

```
数据集大小：100
begin: x=-2.0, y=3.940195322036743
end: x=1.9600000381469727, y=3.9204187393188477
```

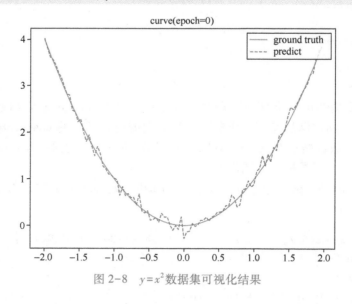

图 2-8 $y=x^2$ 数据集可视化结果

8）在 visualizing_data 函数中，添加模拟 $y=\sin(x)$ 二维曲线的数据集，代码如下。

```
class CurveDataSetSinX(Dataset):
    def __init__(self, start, end, num=100):
        self.x = torch.arange(start, end, (end - start) * 1.0 / num,
                    dtype=torch.float32).unsqueeze(1)
        noise = torch.normal(0, 0.1, self.x.shape)
```

```
        self.y = torch.sin(self.x) + noise

    def __getitem__(self, index):
        xi = self.x[index]
        yi = self.y[index]
        return xi, yi

    def __len__(self):
        return len(self.x)

    @staticmethod
    def sin(x):
        return np.sin(x)
```

9) 在"curve_dataset.py"尾部的"if __name__ == '__main__':"内,添加如下代码。

```
    # y = sin(x)
    data = CurveDataSetSinX(-4, 4, 100)
    print(f'数据集大小:{len(data)}')
    x_begin, y_begin = data[0]
    print(f'begin: x={x_begin.item()}, y={y_begin.item()}')
    x_end, y_end = data[len(data)-1]
    print(f'end: x={x_end.item()}, y={y_end.item()}')
    visualizing_data(CurveDataSetSinX.sin,
                     data.x.squeeze(1).numpy(),
                     data.y.squeeze(1).numpy(), save=True, savePrefix='sinx')
```

10) 再次运行"curve_dataset.py"程序,结果如图2-9所示,$y=\sin(x)$的模拟数据集也被成功创建出来。

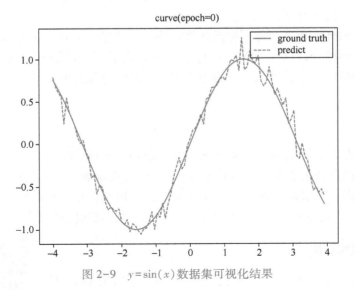

图 2-9 $y=\sin(x)$ 数据集可视化结果

任务 2.4 搭建网络结构

神经网络结构设计是构建一个有效和高效的神经网络模型的核心部分。在神经网络结构设计中需要考虑网络类型、网络层数、节点数量和激活函数等问题，下面进行详细讲解。

2.4.1 神经网络概述

在数据集构建中，构建了 $y=x^2$ 和 $y=\sin(x)$ 两种二维曲线数据集。在人类大脑中，可以轻松抽象出来这两种数学模型，深度学习中**神经网络**模拟了人脑的特点，若给予它足够的数据，也可以构建一种模型，实现对不同数据集的特征提取与拟合分布。神经网络模型如图 2-10 所示，由不同层次下的多个**神经元**组成，每个神经元包括自身的结构体以及突触的连接，从而可以实现不同神经元之间的多对多网状连接。

神经网络概述

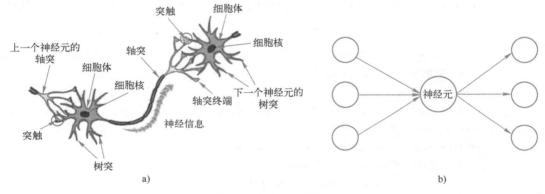

图 2-10 神经网络模型
a）生物神经系统　b）人工神经网络系统

由图 2-10 可以看出，人脑的生物神经系统和经过科学家简化后的人工神经网络系统，均是多个神经元之间的网络化连接。

神经元是基本的计算单元，每个神经元接收输入，经过一系列的计算和激活函数处理，产生输出。神经元之间的连接被权重调节，这些权重决定了一个神经元对其他神经元的影响程度。由此，神经网络中某个神经元的值为与之连接的其他神经元的加权和，称为**线性操作**，其公式为

$$y = f(x) = \sum_{i=1}^{n} w_i x_i + b \tag{2-4}$$

其中，x_i 为某个神经元的输出；w_i 为神经元 x_i 参与当前神经元计算的权重；b 为该神经元的偏置。可以看到神经网络的函数类似于一次函数 $y=ax+b$，即线性函数。$y=ax$ 表示所有经过原点的直线，通过 b 这个截距，可以表示 xy 平面上的所有直线。因此，在神经网络中，给当前神经元的计算中加入偏置项 b，可以让线性函数表达更多的特征，同时提高模型的输出能力。

2.4.2 激活函数

如前所述，数据通过神经元进行计算，并将计算结果传递给下

激活函数

一个神经元，因此，多个神经元之间通过链式传导进行计算，并完成最终的输出。如果在传导过程中依旧采用线性函数，例如，式（2-4）中的 x_i 也可通过线性加权和进行计算，其公式为

$$y = f(f(x)) = \sum_{i=1}^{n} w_i \left(\sum_{j=1}^{m} w_j x_j + b \right)_i + b \tag{2-5}$$

该函数展开来算，可以发现，最终结构依旧是 $y=ax+b$ 的线性模式。为了提高模型的表达能力，在神经元的传导之间，添加了一个非线性函数，并称之为**激活函数**，最终的神经网络如图 2-11 所示，对应的公式为

$$y = a(f(x)) = a\left(\sum_{i=1}^{m} w_i x_i + b \right) \tag{2-6}$$

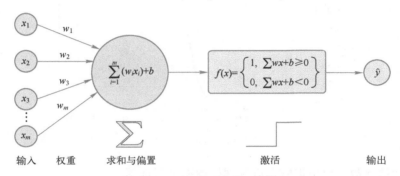

图 2-11　神经网络激活函数

激活函数 $a(\ )$ 的表达式较多，下面列举一些常用激活函数。

1. Sigmoid 函数

Sigmoid 函数的公式为

$$\text{Sigmoid}(x) = \beta \cdot \frac{1-e^{-\alpha x}}{1+e^{-\alpha x}} \tag{2-7}$$

图 2-12 是 Sigmoid 函数的参数 α 和 β 为 1 的图像。

2. ReLU 函数

ReLU 全称为 Rectified Linear Unit，即修正线性单元。其对应的公式为

$$\text{ReLU}(x) = \begin{cases} 0, & x \leq 0 \\ x, & x > 0 \end{cases} \tag{2-8}$$

ReLU 函数图像如图 2-13 所示。

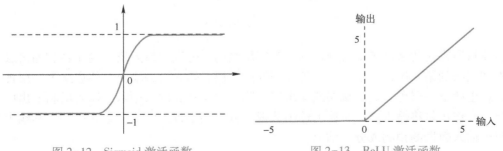

图 2-12　Sigmoid 激活函数　　　　图 2-13　ReLU 激活函数

3. Tanh 函数

Tanh 函数称为双曲正切函数，其公式为

$$\text{Tanh}(x) = \frac{e^x - e^{-x}}{e^x + e^{-x}} \tag{2-9}$$

Tanh 函数图像如图 2-14 所示。

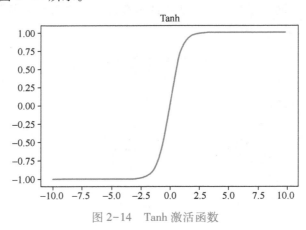

图 2-14 Tanh 激活函数

以上多种激活函数可以根据数据以及网络模型进行选用。

2.4.3 多层感知机

为了加强神经网络的表达能力，还可以对神经元进行分组，每个组称为一层，从而由单个神经元的计算转换为层与层之间的计算，如图 2-15 所示。这种多层分组的结构称为**多层感知机**（Multi Layer Perceptron，MLP），也称为全连接网络结构。

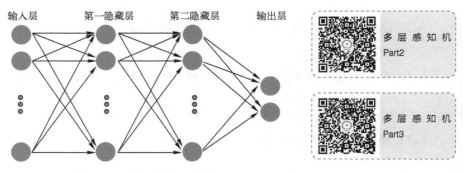

图 2-15 多层感知机结构

本项目所搭建的多层感知机神经网络为三层结构，分别为**输入层**、**隐藏层**和**输出层**。输入层是神经网络的第一层，它是唯一与外界交互的一层，输入层的输出是传递给下一层神经元的输入，这里的下一层可以是隐藏层或输出层。隐藏层是神经网络中除了输入层和输出层以外的所有层，其作用是将输入数据转换为输出数据。输出层是神经网络中最后一层，其输出是神经网络对于输入数据的预测或分类结果。

1. 输入层

输入层是神经网络中唯一与外界交互的一层。输入层中的每一个神经元对应着输入数据中的一个特征。输入层的神经元数量取决于输入数据的特征数量,比如,在图像分类任务中,每个像素点就是输入层的一个神经元。输入层的作用是将输入数据转化为神经网络内部可以处理的格式。

2. 隐藏层

隐藏层是位于输入层和输出层之间的一层或多层。其作用是将输入数据转换为更高层次的特征表示。每个隐藏层的神经元数量和连接方式都不同,这取决于具体的神经网络架构。隐藏层的数量是神经网络结构设计中的一个重要参数,它会直接影响神经网络的性能和训练时间。

神经网络可以包含任意数量的隐藏层,并且随着模型的不断发展,神经网络中的层数和隐藏层数量也在不断增加。隐藏层的数量需要根据具体问题进行调整,以达到最佳的性能和泛化能力。因此,设计一个合适的神经网络模型需要具备深厚的神经网络理论基础和丰富的实践经验。

3. 输出层

输出层是神经网络中的最后一层,输出的是神经网络对于输入数据的预测或分类结果。输出层的设计需要根据具体的任务进行调整,以适应不同的应用场景。

下面利用代码完成一个多层感知机神经网络模型的创建,具体步骤如下。

1)右击"chp2-fit-curve"项目。在弹出的功能菜单中选择【New】→【Directory】,创建一个名为"model"的文件夹。

2)右击新创建的 model 文件夹,在弹出的功能菜单中选择【New】→【Python File】,创建名为"mlp.py"的 Python 文件。

3)输入如下代码,完成神经网络结构的创建。

```python
class MLP(nn.Module):
    def __init__(self, input_features=1, output_num=1):
        # 使用 super 调用父类中的 init 函数对网络进行初始化
        super(MLP, self).__init__()

        # 构建网络子模块,存储到 MLP 的 module 属性中
        self.fc1 = nn.Linear(input_features, 20)
        self.fc2 = nn.Linear(20, 20)
        self.fc3 = nn.Linear(20, output_num)

    # 按照每层网络结构编写 forward 函数,即如何进行前向传播
    def forward(self, x):
        out = torch.tanh(self.fc1(x))
        out = torch.tanh(self.fc2(out))
        out = self.fc3(out)
        return out
```

以上代码继承自 PyTorch 神经网络模块中的网络模型 nn.Module 类，遵循其格式，网络结构声明在 __init__ 中，其中的 Linear 函数和 2.4.1 节的线性函数对应，在 forward 函数中，给出了神经元的层传导规则，这里采用了 tanh 激活函数。上述代码对应的神经网络结构如图 2-16 所示，其中 $m=20$，$n=20$。

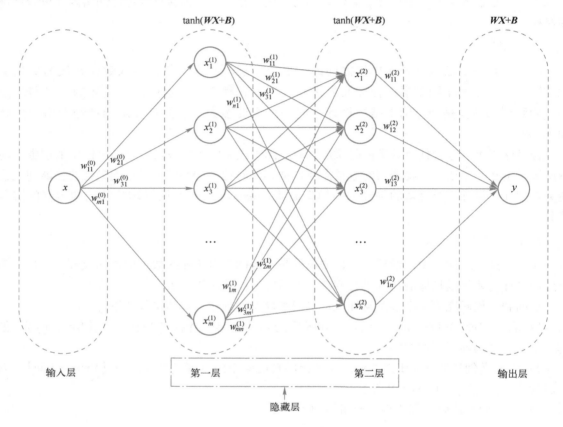

图 2-16 感知机网络结构

注意，由于线性计算的方便性，可以同时计算一组向量的值，从而：

代码 self.fc1 = nn.Linear(input_features, 20) 为输入层到第一个隐藏层，其对应的计算公式如下。

$$\begin{bmatrix} x_1^{(1)} \\ x_2^{(1)} \\ x_3^{(1)} \\ \vdots \\ x_m^{(1)} \end{bmatrix} = \begin{bmatrix} w_{11}^{(0)} \\ w_{21}^{(0)} \\ w_{31}^{(0)} \\ \vdots \\ w_{m1}^{(0)} \end{bmatrix} \cdot x + \begin{bmatrix} b_1^{(0)} \\ b_2^{(0)} \\ b_3^{(0)} \\ \vdots \\ b_m^{(0)} \end{bmatrix} \qquad (2-10)$$

其中，$m=20$，PyTorch 的 nn.Linear 函数会自动生成对应的参数矩阵 $\boldsymbol{W}$。

代码 self.fc2 = nn.Linear(20, 20) 为从隐藏层第一层到隐藏层第二层，其计算公式如下。

$$\begin{bmatrix} x_1^{(2)} \\ x_2^{(2)} \\ x_3^{(2)} \\ \vdots \\ x_n^{(2)} \end{bmatrix} = \begin{bmatrix} w_{11}^{(1)} & w_{12}^{(1)} & w_{13}^{(1)} & \cdots & w_{1m}^{(1)} \\ w_{21}^{(1)} & w_{22}^{(1)} & w_{23}^{(1)} & \cdots & w_{2m}^{(1)} \\ w_{31}^{(1)} & w_{32}^{(1)} & w_{33}^{(1)} & \cdots & w_{3m}^{(1)} \\ \vdots & \vdots & \vdots & & \vdots \\ w_{n1}^{(1)} & w_{n2}^{(1)} & w_{n3}^{(1)} & \cdots & w_{nm}^{(1)} \end{bmatrix} \cdot \begin{bmatrix} x_1^{(1)} \\ x_2^{(1)} \\ x_3^{(1)} \\ \vdots \\ x_m^{(1)} \end{bmatrix} + \begin{bmatrix} b_1^{(1)} \\ b_2^{(1)} \\ b_3^{(1)} \\ \vdots \\ b_n^{(1)} \end{bmatrix} \quad (2-11)$$

其中，$m=20$，$n=20$。

代码 self.fc3 = nn.Linear(20, output_num) 为从第二层到输出层，其计算公式如下。

$$y = \begin{bmatrix} w_{11}^{(2)} & w_{12}^{(2)} & w_{13}^{(2)} & \cdots & w_{1n}^{(2)} \end{bmatrix} \cdot \begin{bmatrix} x_1^{(2)} \\ x_2^{(2)} \\ x_3^{(2)} \\ \vdots \\ x_n^{(2)} \end{bmatrix} + b \quad (2-12)$$

其中，$n=20$。

整个网络模型中的未知参数为481个，计算过程如下。

$$\begin{aligned} \text{sum}_p &= \text{param}_{\text{input}\to 1} + \text{param}_{1\to 2} + \text{param}_{2\to \text{out}} \\ &= (m+m) + (m\times n+n) + (n+1) \\ &= (20+20) + (20\times 20+20) + (20+1) \\ &= 481 \end{aligned} \quad (2-13)$$

以 $\text{param}_{1\to 2}$ 的 $(m\times n+n)$ 为例，其中 $m\times n$ 为参数矩阵 W 的元素个数，n 为偏置向量 B 的元素个数。

整个网络模型的数学表达式为

$$y = \boldsymbol{W}_{2\to\text{out}} \cdot \tanh(\boldsymbol{W}_{1\to 2} \cdot \tanh(\boldsymbol{W}_{\text{input}\to 1} \cdot x + \boldsymbol{B}_1) + \boldsymbol{B}_2) + b_3 \quad (2-14)$$

 注意：

这里的大写字母代表矩阵，W 为参数矩阵，B 为偏置矩阵，小写字母为数值，x 为输入，y 为输出，b 为偏置量。

通过多层网络传递，整个模型从一个线性函数通过嵌套的激活函数转为一个拥有481个参数的多维非线性函数，从而具备了较强的特征表达能力。

任务2.5 训练神经网络模型

神经网络结构设计完成后，网络模型中的参数矩阵值是随机的，为了让模型具有表达能力，需要对参数进行训练，训练过程中需要对网络进行正向传播和反向传播，并根据损失函数的大小来迭代训练过程，不断接近预期的真实值，下面具体进行介绍。

2.5.1 正向传播

任务2.4.3节设计的神经网络模型具备481个参数，在缺乏数据的情况下，难以很好地拟合网络输出。例如，可以继续在"mlp.py"程序中添加如下代码，来观察随机参数的输出，同时验证网络结构设计是否合理。

正向传播 Part1

```python
if __name__ == '__main__':
    # 单个数
    dumpy_input = torch.tensor(1.0, dtype=torch.float32).unsqueeze(0)
    model = MLP()
    output = model(dumpy_input)
    print(output)

    # 一组数同时计算其输出
    dumpy_input = torch.tensor([1.0,2.0], dtype=torch.float32).unsqueeze(1)
    model = MLP()
    output = model(dumpy_input)
    print(output)
```

运行"mlp.py"程序,其输入分别为 1.0 和[1.0,2.0],输出如下,是无意义的数字:

```
tensor([-0.1297], grad_fn=<AddBackward0>)
tensor([[-0.3504],
        [-0.4522]], grad_fn=<AddmmBackward0>)
```

刚刚诞生的神经网络模型如同初生婴儿,尚不知道我们需要什么,因此需要用创建的数据集进行训练。网络的训练和现实中的体育锻炼过程是类似的,通过一次次的重复动作,达到"更高、更快、更强"的训练目标。

正向传播 Part2

回顾所设计的 MLP 网络模型对应的数学表达式,可以发现,网络计算过程是从最内层的括号逐级到外层的,最内层是网络的第一层,最外层是网络的最后一层,这个计算过程在深度学习中称为**正向传播**,如图 2-17 所示。

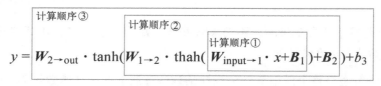

图 2-17 深度学习的计算过程

2.5.2 损失函数

以打篮球投篮做类比,出手投篮后,会看落点和篮筐偏离的距离,不断修正自身的投射角度,最终命中篮筐。这个不断比较投射落点和目标位置的过程,在深度学习中称为推理结果与目标真值间的损失,因此,**损失函数**是衡量模型推理和真值之间差异进行量化的函数,用于预测的常见损失函数包括 L1 Loss 和 L2 Loss。

损失函数

1. L1 Loss

L1 Loss 用于衡量模型预测结果与真实标签之间的平均绝对误差(Mean Absolute Error,MAE),是深度学习中常用的一种损失函数。具体来说,对于一个大小为 n 的样本集合,L1 Loss 定义为

$$\mathcal{L}_1(y,\hat{y}) = \frac{1}{n}\sum_{i=1}^{n}|y_i - \hat{y}_i| \qquad (2\text{-}15)$$

其中，y_i 表示样本 i 的真实值（Ground truth）；$\hat{y}_i$ 表示模型对于样本 x_i 的预测值。

L1 Loss 对于异常值（outliers）的容忍性较高。因此，在某些需要考虑异常值的任务中，如目标检测、人脸识别等领域，L1 Loss 被广泛应用。

2. L2 Loss

L2 Loss 用于衡量模型预测结果与真实标签之间的均方误差（Mean Square Error，MSE），对于一个大小为 n 的样本集合，L2 Loss 定义如式（2-16），符号意义和 L1 Loss 相同。

$$\mathcal{L}_2(y,\hat{y}) = \frac{1}{n}\sum_{i=1}^{n}(y_i - \hat{y}_i)^2 \qquad (2\text{-}16)$$

2.5.3 训练迭代与反向传播

在深度学习中，训练的目标是使损失函数取值最小。损失函数曲线类似本项目所模拟的 $y=x^2$ 数据集，如图 2-18 所示，可以发现，$y=x^2$ 的最小点刚好位于函数导数为 0 的点，而且越接近最小点，函数导数的值越小。因此可以通过求函数导数的方法进行迭代，函数的一阶导数称为梯度，沿着导数减少的方向逐渐逼近最优点的方法称为**梯度下降法**。

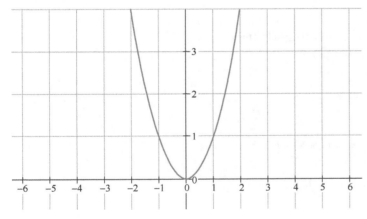

图 2-18 二次曲线

图 2-18 中越接近 0 的点，其一阶导数值即梯度越小，故被称为梯度下降法。

目标是求 481 个参数 w 和偏置 b 的值，对于这么多未知数，很难一次性实现对所有参数进行求导，因此一般通过对某个参数求偏导数进行迭代优化，在每个步骤进行优化的公式见式（2-17），其中，η 为每次迭代步长参数，也称为学习率。

$$w = w - \eta \cdot \frac{\partial \mathcal{L}}{\partial w} \qquad (2\text{-}17)$$

梯度下降类似于我们下山的过程，每次前进一小步，都选择距离终点最近的方向，最终到达我们的目标——山脚。

神经网络的梯度求导类似于数学中的链式求导法则，例如，对于所设计 MLP 网络的第一层参数 w_1，可以通过逐级进行链式求导进行迭代更新，这个过程称为反向传播。

$$w_1 = w_1 - \eta \cdot \frac{\partial \mathcal{L}}{\partial y} \cdot \frac{\partial y}{\partial h_2} \cdot \frac{\partial h_2}{\partial \tanh} \cdot \frac{\partial \tanh}{\partial h_1} \cdot \frac{\partial h_1}{\partial \tanh} \cdot \frac{\partial \tanh}{\partial h_{input}} \cdot \frac{\partial h_{input}}{\partial w_{input \to 1}} \quad (2-18)$$

通过式（2-18）可以发现，反向传播计算起来类似于程序设计中的递归函数计算，在 PyTorch 中提供了自动梯度的计算方法。在 "tensor-learn.py" 文件中输入如下代码，验证 PyTorch 的自动梯度机制。

```
w = torch.tensor([[1,2,3,4]], dtype=torch.float, requires_grad=True)
b = torch.ones(1, requires_grad=True)
x = torch.tensor([[1],[2],[3],[4]], dtype=torch.float, requires_grad=False)
y = w@x+b
print(f'w:{w}')
print(f'b:{b}')
print(f'x:{x}')
print(f'y:{y}')
y.backward()
print(f'b 的梯度值:{b.grad}')
print(f'w 的梯度值:{w.grad}')
```

运行程序，输出结果如下：

```
w:tensor([[1., 2., 3., 4.]], requires_grad=True)
b:tensor([1.], requires_grad=True)
x:tensor([[1.],
        [2.],
        [3.],
        [4.]])
y:tensor([[31.]], grad_fn=<AddBackward0>)
b 的梯度值：tensor([1.])
w 的梯度值：tensor([[1., 2., 3., 4.]])
```

以上代码对应的数学公式为

$$y = W \cdot X + b \quad (2-19)$$

对其中的 w_i 和 b 求偏导的值为

$$\begin{cases} \dfrac{\partial y}{\partial w_i} = x_i, & i=1,2,3,4 \\ \dfrac{\partial y}{\partial b} = 1 \end{cases} \quad (2-20)$$

和代码输出结果一致。

2.5.4 训练迭代过程

编程实现 PyTorch 模型训练过程，具体步骤如下。

1）单击 "chp2-fit-curve" 项目，通过右键的功能菜单，创建一个名为 "train-x2.py" 的 Python 文件，并导入 torch 相关工具库。

训练迭代过程

```
import random
import numpy as np
import torch
import torch.nn as nn
from torch.utils.data import DataLoader
import torch.optim as optim
from matplotlib import pyplot as plt
from dataset.curve_dataset import CurveDataSetX2, visualizing_data
from model.mlp import MLP
```

2)定义一个随机种子函数,使得实验数据每次结果相同,便于定位问题。

```
def set_seed(seed=1):
    random.seed(seed)
    np.random.seed(seed)
    torch.manual_seed(seed)
    torch.cuda.manual_seed(seed)

set_seed()  # 设置随机种子
```

3)初始化一些训练参数,并指定是否采用 GPU 进行训练。

```
# 参数设置
INPUT_NUM = 400        # 生成 400 个随机数据
MAX_EPOCH = 300        # 训练轮数为 300 轮
BATCH_SIZE = 400       # 单次训练读取的数据个数
LR = 0.01              # 学习率,即利用反向传播求导后,更新参数值的步长 w=w-lr*gradw
log_interval = 10      # 训练信息输出频率
val_interval = 10      # 验证信息输出频率

device = torch.device("cuda:0" if torch.cuda.is_available() else "cpu")   # 是否加载 GPU
```

4)通过初始化 DataSet 变量和构建 DataLoader,来完成数据集的读取。

```
# ====================== step 1/5 数据 ======================
# 构建 Dataset 实例 Y=X2
train_data = CurveDataSetX2(start=-4, end=4, num=INPUT_NUM)
valid_data = CurveDataSetX2(start=-4, end=4, num=INPUT_NUM)

# 构建 DataLoder
train_loader = DataLoader(dataset=train_data, batch_size=BATCH_SIZE, shuffle=True)
valid_loader = DataLoader(dataset=valid_data, batch_size=BATCH_SIZE)
```

这里创建的数据集中用到了步骤 3)中的初始化变量,DataLoader 每次从 CurveDataSetX2 中取 BATCH_SIZE 大小的数据进行训练。本例中,数据集大小和 BATCH_SIZE 值一致,均为

400，因此，每轮迭代一次即可完成数据训练，后续进行图片、大段文字等数据的训练时，由于显存容量限制，所有数据难以一次训练完成，需要每轮多次训练，因此 MAX_EPOCH 指定了训练多少轮。

上述代码创建了训练集和验证集，训练集用来训练网络参数，验证集的数据不参与训练，用来验证网络模型在未见过数据上的推理能力，从而使得网络具备较好的泛化性。

5）加载网络模型。

```
# ===================== step 2/5 模型 =====================
net = MLP(input_features=1, output_num=1)
net.to(device)
```

6）指定损失函数，这里选择 L2 Loss。

```
# ===================== step 3/5 损失函数 =====================
criterion = nn.MSELoss()        # 选择损失函数
```

7）选择优化器，进行损失函数优化操作。

```
# ===================== step 4/5 优化器 =====================
optimizer = optim.SGD(net.parameters(), lr=LR, momentum=0.9)        # 选择优化器
# 设置学习率下降策略
scheduler = torch.optim.lr_scheduler.StepLR(optimizer, step_size=100, gamma=0.1)
```

以上代码采用随机梯度下降策略，并进行了动态学习率的设置，基本原理和 2.5.3 节内容一致，PyTorch 中已有这部分代码，只需要配置函数参数即可，这也是为什么使用 PyTorch 这种深度学习框架。数学运算、深度学习反向传播、目标优化等代码均已内置在 PyTorch 框架内，我们只需关心模型和训练部分。这种模板式的训练代码，可使不去了解深度学习背后的数学原理及计算机代码实现，也能完成神经网络的搭建、训练和应用，大大降低了深度学习技术的学习和应用难度。

8）开始训练。以下代码为脚手架代码，可以应用在多个深度学习训练任务中。

```
# ===================== step 5/5 训练 =====================
best_loss_val = 10000
train_curve = list()
valid_curve = list()


def train(dataset='x2'):
    for epoch in range(MAX_EPOCH):
        global best_loss_val
        loss_mean = 0.

        net.train()
        # 读取 BATCH_SIZE 大小的数据样本
        for i, data in enumerate(train_loader):
```

```python
        # forward 正向传播
        inputs, labels = data                          # 获取数据x及其真值y
        outputs = net(inputs.to(device))               # 网络模型推理

        # backward 反向传播，自动求导
        optimizer.zero_grad()
        loss = criterion(outputs, labels.to(device))   # 计算损失大小 L2 Loss
        loss.backward()

        # update weights 更新参数值
        optimizer.step()

        # 打印训练信息
        loss_mean += loss.item()
        train_curve.append(loss.item())
        if i % log_interval == 0:                      # 间隔一定次数输出
            loss_mean = loss_mean / log_interval
            print("Training:Epoch[{:0>3}/{:0>3}] Iteration[{:0>3}/{:0>3}] Loss:{:.4f}".
                format(epoch, MAX_EPOCH, i+1, len(train_loader), loss_mean))
            loss_mean = 0.

    scheduler.step()                                   # 更新学习率

    # validate the model
    if epoch % val_interval == 0:
        loss_val = 0.
        net.eval()
        with torch.no_grad():
            for j, data in enumerate(valid_loader):
                inputs, labels = data
                outputs = net(inputs.to(device))
                loss = criterion(outputs, labels.to(device))
                loss_val += loss.item()

            loss_val = loss_val / valid_loader.__len__()
            valid_curve.append(loss_val)
            print(" Valid:\t Epoch[{:0>3}/{:0>3}] Iteration[{:0>3}/{:0>3}] Loss:{:.4f}".format(epoch, MAX_EPOCH, j + 1, len(valid_loader), loss_val))
            # 数据可视化
            visualizing_data(CurveDataSetX2.x2, inputs.squeeze(1).cpu().numpy(),
                outputs.squeeze(1).cpu().numpy(),
```

```
                        epoch=epoch, save=False, savePrefix='train-x2')
            if loss_val < best_loss_val:
                best_loss_val = loss_val
                torch.save(net, f'best.pth')
            torch.save(net, f'last.pth')
```

9)添加训练过程可视化函数,监控训练过程。

```
def vis_process():
    train_x = range(len(train_curve))
    train_y = train_curve

    train_iters = len(train_loader)
    # 由于 valid 中记录的是 epoch loss,需要将记录点转换到 iterations
    valid_x = np.arange(1, len(valid_curve)+1) * train_iters * val_interval
    valid_y = valid_curve
    plt.figure()
    plt.plot(train_x, train_y, label='Train')
    plt.plot(valid_x, valid_y, label='Valid')

    plt.legend(loc='upper right')
    plt.ylabel('loss value')
    plt.xlabel('Iteration')
    plt.show()
```

10)添加如下代码,运行程序,即开始网络的训练。

```
if __name__ == '__main__':
    train()
    vis_process()
```

11)训练过程经过 300 轮后,其损失降低到 0.0019,证明目标值和网络预测值已经很接近。

```
Valid: Epoch[290/300] Iteration[001/001] Loss: 0.0221
Training:Epoch[299/300] Iteration[001/001] Loss: 0.0019
```

12)训练结果可视化情况如图 2-19 所示。

训练过程中,预测值与目标值的差距逐渐变小,L2 Loss 曲线如图 2-20 所示。

在训练中,还完成了 PyTorch 模型的保存,代码如下。

```
torch.save(net, f'last.pth')
```

保存后的模型可以进行二次训练或者进行推理使用。

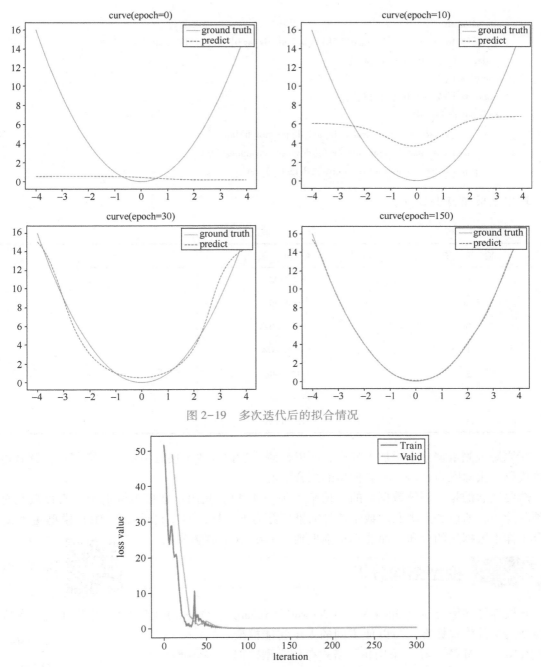

图 2-19 多次迭代后的拟合情况

图 2-20 训练过程中的 L2 Loss 曲线（横轴为训练轮次，纵轴为目标与预测值的均方差）

任务 2.6 网络推理

保存好的模型，类似于人的大脑，存储了对特定数据的处理过程，在见到未知数据时也能实现推理，单击"chp2-fit-curve"项目，创建名为"inference-x2.py"的 Python 文件，并输入如下代码。

网络推理

```python
import torch
device = torch.device("cuda:0" if torch.cuda.is_available() else "cpu")
model = torch.load('best.pth')
model.eval()
inputs = [-2,-1,0,1,2,18,20]
for input in inputs:
    input_tensor = torch.tensor(input, dtype=torch.float32)
    outputs = model(input_tensor.to(device).unsqueeze(0))
    print(outputs.squeeze(0).cpu().detach().numpy())
```

输出结果如表 2-2 所示。

表 2-2 输出结果

输入值	预测值	期望值
-2	3.99802	4
-1	1.0044901	1
0	0.079760075	0
1	0.93614674	1
2	4.1211996	4
18	17.648125	324
20	17.461924	400

在原始观测数据集上增加了噪声，所以预测值的拟合效果接近但不等于期望值。读者可以修改代码，去除噪声代码，实验模型的拟合情况。

需要注意的是，训练数据集的取值范围为[-4,4)，超出该取值范围的值，模拟缺乏对应的预测能力，所以和人类利用数学符号的推理能力不一样，本项目设计的 MLP 模型更多的是拟合了样本数据集的分布，而非真正推理到了 $y=x^2$ 这个数学公式。

任务 2.7　模型结构分析

开放神经网络交换（Open Neural Network Exchange，ONNX）格式是一个用于表示深度学习模型的文件格式标准，可以使不同的人工智能框架（如 PyTorch、MXNet 等）采用相同格式存储模型数据并交互。ONNX 的规范及代码主要由微软、亚马逊、Facebook 和 IBM 等公司共同开发，以开放源代码的方式托管在 GitHub 上。目前支持加载 ONNX 模型并进行推理的深度学习框架有 Caffe2、PyTorch、MXNet、ML.NET、TensorRT、Microsoft CNT 和 TensorFlow 等，如图 2-21 所示。

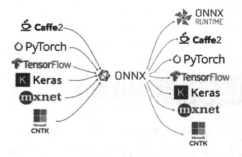

图 2-21　ONNX 的作用

通过如下步骤完成模型结构的导出。

1）在项目中添加名为"torch2onnx.py"的 Python 文件。

```python
import os
import torch

model = torch.load(os.path.join('best.pth'))
model.eval()

device = torch.device("cuda:0" if torch.cuda.is_available() else "cpu")
dummy_input = torch.randn(1,1).to(device)

torch.onnx.export(
    model,
    dummy_input,
    'model_x2.onnx',
    input_names=['input'],
    output_names=['output'],
    # dynamic_axes={'input': {0: 'batch_size'}, 'output': {0: 'batch_size'}}
)
```

2）以上代码在运行之前，需要安装 onnx 库，打开"Anaconda Prompt"控制台，输入如下指令，安装截图如 2-22 所示。

```
conda activate learn-pytorch
pip install onnx
```

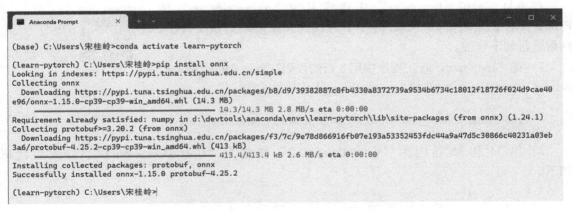

图 2-22　安装 onnx 库截图

3）运行程序，可以发现生成了一个名为"model_x2.onnx"的文件，下载 Netron 软件，或打开 https://netron.app/ 网站，可以利用该软件分析网络模型，如图 2-23 所示。

计算节点命名为"Gemm"，即通用矩阵乘法（General Matrix Multiplication，GEMM），所以整个网络模型就是 3 个矩阵相乘，外加两个激活函数。

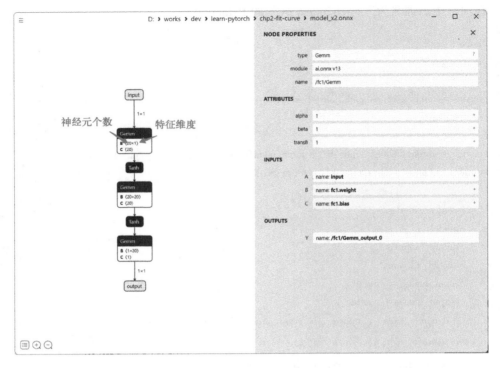

图 2-23　Netron 软件分析界面

任务 2.8　拟合更多的二维曲线

在项目"chp2-fit-curve"中创建名为"train-sinx.py"的 Python 文件，复制"train-x2.py"中的代码，并粘贴到该文件中，然后进行如下修改。

拟合更多的二维曲线

1）将"train-sinx.py"程序中第 8 行的代码"from dataset.curve_dataset import CurveDataSetX2, visualizing_data"修改为

```
from dataset.curve_dataset import CurveDataSetSinX, visualizing_data
```

2）第 34 和 35 行内的"CurveDataSetX2"修改为"CurveDataSetSinX"，修改后代码如下。

```
train_data = CurveDataSetSinX(start=-4, end=4, num=INPUT_NUM)
valid_data = CurveDataSetSinX(start=-4, end=4, num=INPUT_NUM)
```

3）修改第 104 行的数据可视化代码，将"CurveDataSetX2.x2"修改为"CurveDataSetSinX.sinx"，"savePrefix='train-x2'"修改为"savePrefix='train-sinx'"。

```
visualizing_data(CurveDataSetSinX.sin, inputs.squeeze(1).cpu().numpy(),
                 outputs.squeeze(1).cpu().numpy(),
                 epoch=epoch, save=True, savePrefix='train-sinx')
```

4) 运行 "train-sinx.py"，可以发现迭代，曲线也向 $y=\sin(x)$ 拟合，注意，我们在数据集中添加了噪声，所以是近似拟合二维曲线分布，模型的预测值更符合真实工况，如图 2-24 所示。

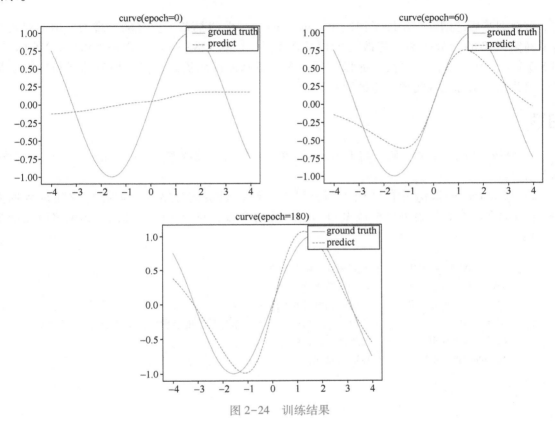

图 2-24 训练结果

在训练中，可以发现 $y=\sin(x)$ 的拟合不佳，可以修改 model 目录下 "mpl.py" 文件中 MLP 模型类的神经元数量来提升模型的表达能力。将输入层的 20 个神经元增加到了 128 个，隐藏层的神经元增加到了 256 个，输出层的神经元维持 1 个，代码如下。

```python
class MLP(nn.Module):
    def __init__(self, input_features=1, output_num=1):
        # 使用 super 调用父类中的 init 函数对网络进行初始化
        super(MLP, self).__init__()

        # 构建网络子模块，存储到 MLP 的 module 属性中
        self.fc1 = nn.Linear(input_features, 128)
        self.fc2 = nn.Linear(128, 256)
        self.fc3 = nn.Linear(256, output_num)

    # 按照每层网络结构写出 forward 函数，即如何进行前向传播
    def forward(self, x):
        out = torch.tanh(self.fc1(x))
```

```
out = torch.tanh(self.fc2(out))
out = self.fc3(out)
return out
```

重新训练后的网络,增加了神经元,对于 $y=\sin x$ 曲线具备了更好的表现力,但同时也提高了网络模型的参数个数,修改后的模型参数为 $(128+128)+(128\times256+256)+(256+1)=33\,537$ 个。对比"更高、更快、更强"的要求,虽然准确率提高,但是模型的运行效率变慢了,因此几个指标之间需要一定的取舍。

习题

1)修改 mlp.py 中的代码,将 forward 函数中的激活函数调整为 torch.sigmoid,运行程序,观察结果。

2)修改 train-x2.py 中的代码,调整以下参数,观察运行结果,如将生成随机数据由 400 个改为 200 个,注意同步修改 BATCH_SIZE 的个数,对应代码为(以下为未修改之前的状态):

```
INPUT_NUM = 400       # 生成400个随机数据
MAX_EPOCH = 300       # 训练轮数为300轮
BATCH_SIZE = 400      # 单次次训练读取的数据个数
LR = 0.01             # 学习率,即利用反向传播求导后,更新参数值的步长 w=w-lr*gradw
log_interval = 10     # 训练信息输出频率
val_interval = 10     # 验证信息输出频率
```

项目 3　猫狗图像分类

项目背景

猫狗图像分类是一个经典的计算机视觉问题,目标是对给定的图像进行分类,判断图像中是猫还是狗。这个问题在机器学习和深度学习领域中被广泛研究和应用。猫狗图像分类问题通常是一个监督学习问题,即通过带标签的图像数据集来训练和评估模型。训练阶段,模型接收大量的猫狗图像作为输入,并对其进行学习,调整模型参数以最小化预测结果与真实标签之间的差异。评估阶段,使用另外的图像数据集对训练好的模型测试和验证其分类准确性。本项目涉及的新知识不多,主要是应用多层感知机来完成深度学习另外一个经典任务——**分类任务**。

项目背景

知识目标:
- 理解并应用 PyTorch 中 DataSet 类进行数据增强,以提高模型泛化能力。
- 学会使用 torchstat 工具包对模型的参数进行统计分析,以监控模型训练状态。
- 掌握 logging 工具包的使用,实现训练过程的日志记录与输出,便于模型调试与分析。
- 理解回归与分类任务的区别,并掌握分类任务中的关键算法。
- 学习和掌握 Sigmoid 与 Softmax 函数在不同分类任务中的应用。

能力目标:
- 能够利用网络资源加载和处理图像数据集,进行有效的数据预处理和增强。
- 能够独立搭建并训练一个全连接神经网络模型,用于图像分类任务。
- 能够运用日志记录和其他评估手段,对模型的性能进行监控和分析,提出改进策略。

素养目标:
- 培养项目化思维,养成项目开发的全局视角,合理规划项目进度。
- 增强自主学习能力,能够独立分析问题,寻找解决方案,并在项目中实践。
- 提升自我学习意识,通过本项目的学习,激发对监督学习数据集收集和构建的兴趣,主动寻找和应用更多的学习资源。

任务 3.1　准备猫狗数据集

本项目将介绍神经网络的另一个主要任务——**模式分类**,其目标是将文本、语音、图像等按照一定的规则进行分类。由于图像直观且易于理解,这里以图像分类中的经典任务——猫狗分类作为案例。猫狗分类是知名深度学习竞赛网站 Kaggle 下的数据集,网址为 https://www.kaggle.com/c/dogs-vs-cats,如图 3-1 所示。

图 3-1 猫狗大战竞赛数据集

3.1.1 创建猫狗分类数据集

要创建一个猫狗图像分类的数据集，可以按照以下步骤进行。

1）收集猫狗图像数据集：可以在如上所述 Kaggle 网站的公开数据集中找到，或自行收集猫狗的图像并进行标注分类。

相关猫狗数据集已经创建好，读者可从本书配套资源中获取。

2）图像预处理：可以使用图像编辑软件对图像进行裁剪、缩放、旋转、去除噪声等预处理操作。

3）数据集划分：一般将数据集分为训练集、验证集和测试集 3 类，根据数据样本数量可以按照 8:1:1、8:2:0 或 7:2:1 等比例进行划分。其中训练集用于训练模型，验证集用于在训练过程中判断模型是否收敛，测试集用于评估模型的性能。

具体到本项目，首先创建 train、val 和 test 文件夹，在对应文件夹内再创建 cat、dog 等具体类别，如图 3-2 所示。之后在对应的类别文件夹内放置相应类别图片，即可完成数据集的构建。

4）标记数据集：对每个图像标记其类别，即是否为猫或狗。可以使用 XML、JSON 等格式进行标记，也可以效仿本项目直接通过文件夹名称进行标记。

创建猫狗分类数据集

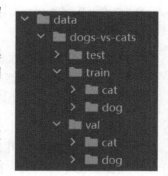

图 3-2 分类数据集文件目录结构

5）存储数据集：将标记好的猫狗图像数据集存储到硬盘中，以备后续使用。

在构建数据集时，首先应注意确保图像的质量，需要清除其中无效或不清晰的图像。在进行数据预处理时，应确保标注正确，即 cat 和 dog 中的图片均为正确的猫狗图像，标注不正确会导致训练结果不准确。此外，为保证数的随机性和多样性，可以采用随机抽样方法来收集及划分数据。读者可查阅数据标注类教材，掌握数据标注的概念、方法及工具。

3.1.2 数据集的读取与预处理

深度学习处理的基本步骤为数据准备、网络模型配置、模型训练与评估、模型预测等，因此整体文件结构相差不大，本项目的文件结构组织为

```
my-pytorch-deeplearning（项目名称）
    |—— data（样本数据）
    |—— dataset（样本数据读取即数据增强处理）
    |—— model（网络模型文件夹）
    |—— tools（一些前处理或后处理的工具库）
    |—— train_process（中间过程记录）
    |—— train_xxx.py（训练文件，xxx 为任务名）
    |—— inference_xxx.py（推理文件，xxx 为任务名）
```

按照以上文件目录，创建自己的工程项目，并完成数据集的预处理，具体步骤如下。

1）打开 PyCharm，创建名为"my-pytorch-deeplearning"的 Pytorch 项目，创建方法和项目 2 一致。

2）选中"my-pytorch-deeplearning"，通过右键的功能菜单创建 data、dataset、model、tools、train_process 等文件夹。

3）右击 data 文件夹，在弹出的功能菜单中选择【Open In】→【Explorer】，如图 3-3 所示，之后将下载后的分类数据复制到 data 文件夹中，文件结构如图 3-2 所示。

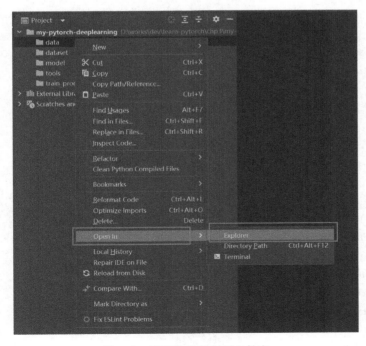

数据集的读取与预处理 Part1

数据集的读取与预处理 Part2

图 3-3　下载数据复制到文件夹

4）选择 dataset 文件夹，创建名为"dog_cat.py"的文件，表示这是一个猫狗数据集，并输入如下代码，引入函数库。

```python
import os
import torch
from PIL import Image
from torch.utils.data import Dataset
```

5）添加名为"DogCatDataset"的类，继承自 PyTorch 的 DataSet 类。

```python
class DogCatDataset(Dataset):
    def __init__(self, data_dir, transform=None):
        """
        分类任务的 Dataset
        :param data_dir: str, 数据集所在路径
        :param transform: torch.transform, 数据预处理
        """
        self.label_name = {"cat": 0, "dog": 1}    # 需要根据实际训练任务修改
        self.data_info = self.get_img_info(data_dir)    # data_info 存储所有图片路径和标签,
                                                        # 在 DataLoader 中通过 index 读取样本
        self.transform = transform

    def __getitem__(self, index):
        path_img, label = self.data_info[index]

        img = Image.open(path_img).convert('RGB')    # 0~255

        if self.transform is not None:
            img = self.transform(img)    # 在这里做 transform, 转为 tensor 等

        return img, label

    def __len__(self):
        return len(self.data_info)

    def get_img_info(self, data_dir):
        data_info = list()
        for root, dirs, _ in os.walk(data_dir):
            # 遍历类别
            for sub_dir in dirs:
                img_names = os.listdir(os.path.join(root, sub_dir))
                img_names = list(filter(lambda x: x.endswith('.jpg'), img_names))

                # 遍历图片
                for i in range(len(img_names)):
                    img_name = img_names[i]
                    path_img = os.path.join(root, sub_dir, img_name)
```

```
                    label = self.label_name[sub_dir]
                    data_info.append((path_img, int(label)))

        return data_info
```

以上代码中需要注意的内容如下。
- 定义了一个 get_img_info 的辅助内容,用于遍历指定目录下所有 jpg 文件的路径,并将文件夹"cat"转为标签值 0,"dog"转为标签值 1。由于深度学习的底层为矩阵运算和数值运算,因此需要将英文字母转为数字编码。
- 和项目 2 一样,需要实现 DataSet 的 __getitem__ 和 __len__ 函数,在 __getitem__ 函数中,实现了将图像从硬盘读取到内存,并通过 img = self.transform(img) 进行了增强。该增强模块也由 PyTorch 提供。

6) 在"dog_cat.py"文件中添加如下代码,用于显示图像,并测试数据集构建代码的正确性。

```
if __name__ == '__main__':
    data = DogCatDataset('../data/dogs-vs-cats/train')
    label_name = ['cat', 'dog']   # 需要根据实际训练任务修改
    from matplotlib import pyplot as plt

    for i in range(0, 6):
        img, label = data[i]
        plt.subplot(2, 3, i+1)
        plt.imshow(img)
        plt.title(label_name[label])
        plt.xticks([])
        plt.yticks([])
    plt.show()
```

7) 运行"dog_cat.py"程序,得到如图 3-4 所示的结果。

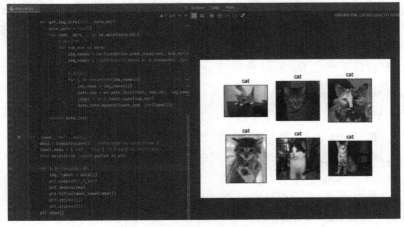

图 3-4 数据集运行结果

任务 3.2　设计图像分类全连接网络

在项目中选择 model 文件夹，添加名为"mlp.py"的 Python 文件，代码如下。

```python
import torch
import torch.nn as nn

class MLP(nn.Module):
    def __init__(self, classes=2):  # 64×64×3
        # 使用 super 调用父类中的 init 函数对网络进行初始化
        super(MLP, self).__init__()

        # 构建网络子模块，存储到 MLP 的 module 属性中
        self.fc1 = nn.Linear(64 * 64 * 3, 32 * 32 * 3)
        self.fc2 = nn.Linear(32 * 32 * 3, 16 * 16 * 3)
        self.fc3 = nn.Linear(16 * 16 * 3, 256)
        self.fc4 = nn.Linear(256, 128)
        self.fc5 = nn.Linear(128, classes)

    # forward 函数为模型如何进行前向传播的入口
    def forward(self, x):
        x = x.view(x.size(0), -1)  # 重置为[batchsize, 一维数组]的形状
        out = torch.relu(self.fc1(x))
        out = torch.relu(self.fc2(out))
        out = torch.relu(self.fc3(out))
        out = torch.relu(self.fc4(out))
        out = self.fc5(out)
        return out
```

以上代码和进行二维曲线拟合的 MLP 多层感知机网络结构类似，输入从 1 个变成了 64×64×3 个，输出从 1 个变成 2 个，激活函数采用了 RELU 函数，中间的层数也有所增加。

在进行训练之前，可以查看所设计网络的结构和参数，在 Anconda Prompt 控制台下安装 torchstat 程序库，代码如下。

```
conda activate learn-pytorch
pip install torchstat
```

安装结束后，在"mlp.py"文件中继续添加如下代码。

```python
if __name__ == '__main__':
    from torchstat import stat
    # 单个数
    dumpy_input = torch.rand([1, 3, 64, 64])
    model = MLP()
```

```
stat(model, (3,64,64))
output = model(dumpy_input)
print(output)
```

运行程序，可能会出现"AttributeError：module 'numpy' has no attribute 'long'"的错误，如图 3-5 所示。

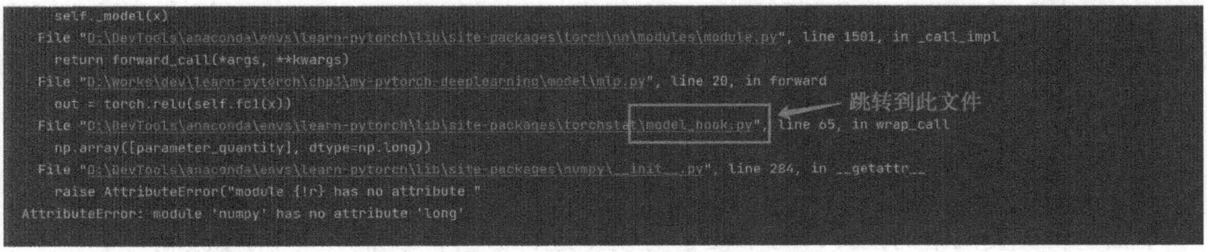

图 3-5　NumPy 版本原因引发的错误

原因是 NumPy 版本升级后，np.long 改为 np.longlong 了，单击错误提示中的"model_hook.py"文件，修改第 65 行代码为

```
np.array([parameter_quantity], dtype=np.longlong))
```

再次运行程序，可能会出现"AttributeError：'DataFrame' object has no attribute 'append'"的错误，如图 3-6 所示。

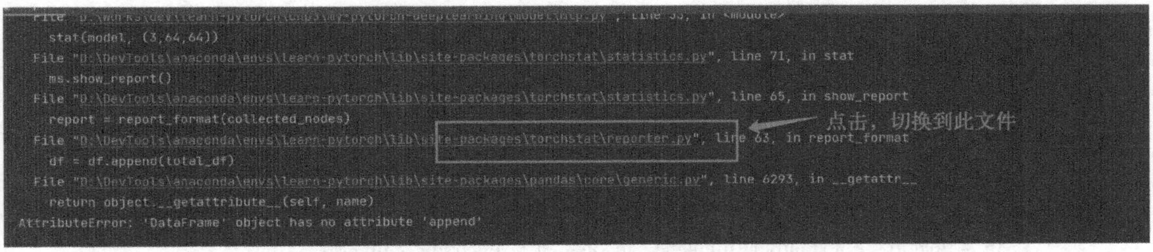

图 3-6　第三方库 pandas 版本原因引发的错误

继续单击错误提示中的"reporter.py"文件，修改第 63 行代码为

```
df = df._append(total_df)
```

切换回"mlp.py"程序文件，运行程序，可以得到设计的网络结构信息，如图 3-7 所示。

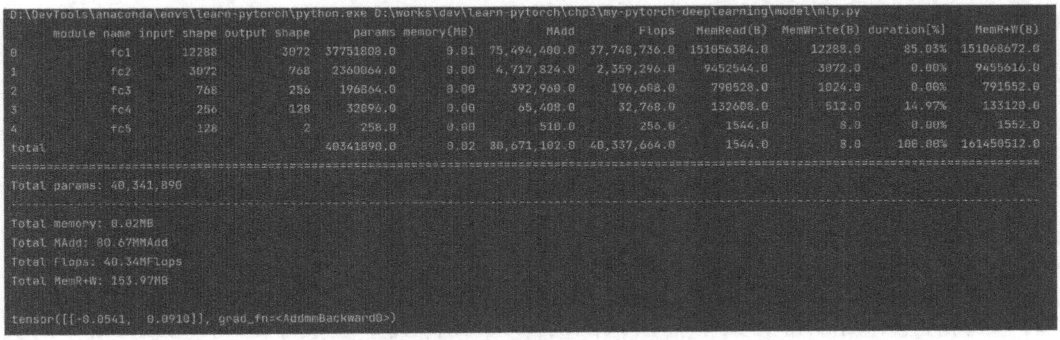

图 3-7　所设计多层感知机的网络结构信息

可以发现，整个模型的参数已经超过 4000 万个，而这仅仅处理了 64×64 分辨率的 RGB 图像，从中可以看出，单一的多层感知机对于图像等大数据处理方面存在缺陷，连更大一点的 256×256 分辨率图像都难以处理，更不论 2K 图像了。在项目 4 中，将介绍一个新的网络结构，可有效减少整体参数量，提高网络的特征提取和表达能力。

任务 3.3　训练图像分类网络

训练图像分类网络的整体过程和项目 2 二维曲线拟合的过程类似，为了更好观察网络输出，增加了训练日志记录、训练数据增强、训练过程可视化等代码，下面通过代码进行介绍。

3.3.1　训练日志记录

下面进行分类网络的设计，为了便于对模型进行分析，添加一个日志记录工具，具体步骤如下。

训练图像分类网络 Part1

1）在项目的 tools 文件夹下创建名为"logger.py"的 Python 文件，并添加如下代码。

```python
import logging

def get_logger(filename, verbosity=1, name=None):
    level_dict = {0: logging.DEBUG, 1: logging.INFO, 2: logging.WARNING}
    formatter = logging.Formatter(
        "[%(asctime)s][%(filename)s][line:%(lineno)d][%(levelname)s] %(message)s"
    )
    logger = logging.getLogger(name)
    logger.setLevel(level_dict[verbosity])

    fh = logging.FileHandler(filename, mode="a", encoding='utf-8')
    fh.setFormatter(formatter)
    logger.addHandler(fh)

    sh = logging.StreamHandler()
    sh.setFormatter(formatter)
    logger.addHandler(sh)

    return logger
```

2）在"logger.py"中添加测试代码，练习该类的使用。

```python
if __name__ == '__main__':
    logger = get_logger('test.log')
    logger.info("这是一条测试指令")
```

3）运行程序，可以得到如下输出，同时 tools 文件夹中生成了名为"test.log"的文件，该文件内容和控制台输出内容一致。

项目3 猫狗图像分类

```
[2024-01-31 20:55:35,499][logger.py][line:25][INFO]这是一条测试指令
```

3.3.2 训练初始化

按照以下步骤，开始进行网络参数的训练。

1）在项目根目录下创建名为"train_catdog.py"的 Python 文件，并引入库文件。

```python
import os
import random
import numpy as np
import torch
import torch.nn as nn
from torch.utils.data import DataLoader
import torchvision.transforms as transforms
import torch.optim as optim
from matplotlib import pyplot as plt
from model.mlp import MLP
from dataset.dog_cat import DogCatDataset
from tools.logger import get_logger
```

这里增加了 torchvision.transforms 库，该库的作用是对程序进行增强，后 3 个库文件为之前自定义实现的。

2）添加随机种子，主要作用是固化训练过程中参数的初始化值，便于测试调整模型。

```python
def set_seed(seed=1):
    random.seed(seed)
    np.random.seed(seed)
    torch.manual_seed(seed)
    torch.cuda.manual_seed(seed)

set_seed()  # 设置随机种子
```

3）设置初始化训练参数，由于数据量超过 1 万张图片，一般需要三位数的训练轮次才能让模型收敛，这里可以先预设一个小 MAX_EPOCH 值，便于观察程序模块是否配置正确，最后一行代码是判断是否安装了英伟达 GPU 及其 CUDA 驱动。

```python
# 参数设置
MAX_EPOCH = 30
BATCH_SIZE = 128
LR = 0.01
log_interval = 10
val_interval = 1

device = torch.device("cuda:0" if torch.cuda.is_available() else "cpu")
```

3.3.3 配置数据集

以下代码进行数据集的加载配置:

```
split_dir = os.path.join("data", "dogs-vs-cats")
train_dir = os.path.join(split_dir, "train")
valid_dir = os.path.join(split_dir, "val")

norm_mean = [0.485, 0.456, 0.406]
norm_std = [0.229, 0.224, 0.225]

train_transform = transforms.Compose([
    transforms.Resize((64, 64)),
    transforms.RandomCrop(64, padding=4),
    transforms.ToTensor(),
    transforms.Normalize(norm_mean, norm_std),
])

valid_transform = transforms.Compose([
    transforms.Resize((64, 64)),
    transforms.ToTensor(),
    transforms.Normalize(norm_mean, norm_std),
])

# 构建 MyDataset 实例
train_data = DogCatDataset(data_dir=train_dir, transform=train_transform)
valid_data = DogCatDataset(data_dir=valid_dir, transform=valid_transform)

# 构建 DataLoader
train_loader = DataLoader(dataset=train_data,
                          batch_size=BATCH_SIZE,
                          shuffle=True, num_workers=4)
valid_loader = DataLoader(dataset=valid_data,
                          batch_size=BATCH_SIZE, shuffle=True)
```

相对于前面项目的数据集配置代码,本项目大体结构不变,但是增加了 transforms.Compose 部分,由 PyTorch 的 torchvision 库提供,包括图像缩放、裁剪、翻转、对比度变换等多种类型,充分利用模型的 4000 万个参数记住多样的数据变化,提高模型的表达能力。DataLoader 主要作用是一次加载一部分数据到内存,防止数据一次性加载内存或显存容量不足。参数 shuffle=True 表示打乱数据加载顺序。

3.3.4 加载网络模型

网络模型加载较为简单,只需要执行对应函数即可。

训练图像分类网络 Part2

```
# 加载模型
net = MLP(classes=2)
net.to(device)
```

3.3.5 配置训练策略

配置训练策略的代码如下。

```
# 损失函数设置
criterion = nn.CrossEntropyLoss()
# 优化器设置
optimizer = optim.SGD(net.parameters(), lr=LR, momentum=0.9)
# 设置学习率下降策略
scheduler = torch.optim.lr_scheduler.StepLR(optimizer, step_size=100, gamma=0.1)
```

这里调用了 PyTorch 的 nn.CrossEntropyLoss() 模块,为交叉熵函数,用于判定实际输出(概率)和期望输出(概率)的接近程度(距离)。交叉熵的值越小,两个概率分布就越接近。

假设概率分布 p 为期望输出,概率分布 q 为实际输出,$H(p,q)$ 为交叉熵,则

$$H(p,q) = -\sum_{x}(p(x)\log(q(x)) + (1-p(x))\log(1-q(x))) \tag{3-1}$$

由于一半交叉熵用于比较输出值与真值的接近程度,因此在 PyTorch 中的交叉熵函数只用了标准交叉熵公式的一半,从而减少计算量,其公式为

$$H(p,q) = -\sum_{x}(p(x)\log(q(x))) \tag{3-2}$$

此外,nn.CrossEntropyLoss 中还集成了 LogSoftMax 和 NLLLoss,感兴趣的读者可以自行查阅相关资料,理解交叉熵实现的细节。相对于自己将交叉熵公式编写为目标函数代码,PyTorch 提供了更多的优化和判断,这也是 PyTorch 深度学习库的强大之处,因此可以直接调用 CrossEntropyLoss 函数进行多分类。

3.3.6 迭代训练

创建一个训练函数进行迭代训练,整体代码和项目 2 二维曲线拟合类似,具体如下。

```
logger = get_logger('train_process/train_catdog.log')
best_acc = 0.

train_curve = list()
valid_curve = list()
acc_curve = list()
def train():
    for epoch in range(MAX_EPOCH):

        loss_mean = 0.
        correct = 0.
```

```python
        total = 0.

        net.train()
        for i, data in enumerate(train_loader):

            # forward
            inputs, labels = data
            outputs = net(inputs.to(device))

            # backward
            optimizer.zero_grad()
            loss = criterion(outputs, labels.to(device))
            loss.backward()

            # update weights
            optimizer.step()

            # 统计分类情况
            _, predicted = torch.max(outputs.data, 1)
            total += labels.size(0)
            correct += (predicted == labels.to(device)).squeeze().sum().cpu().numpy()

            # 打印训练信息
            loss_mean += loss.item()

            train_curve.append(loss.item())
            if (i+1) % log_interval == 0:
                loss_mean = loss_mean / log_interval
                logger.info("Training:Epoch[{:0>3}/{:0>3}] Iteration[{:0>3}/{:0>3}] Loss:{:.4f} Acc:{:.2%}".format(
                    epoch + 1, MAX_EPOCH, i + 1, len(train_loader), loss_mean, correct / total))
                loss_mean = 0.

        scheduler.step()  # 更新学习率

        # validate the model
        if (epoch+1) % val_interval == 0:

            correct_val = 0.
            total_val = 0.
            los_val = 0.
            acc_val = 0.
            net.eval()
```

```python
            with torch.no_grad():
                for j, data in enumerate(valid_loader):
                    inputs, labels = data
                    outputs = net(inputs.to(device))
                    los_val = criterion(outputs, labels.to(device))

                    _, predicted = torch.max(outputs.data, 1)
                    total_val += labels.size(0)
                    correct_val += (predicted == labels.to(device)).squeeze().sum().cpu().numpy()

                    acc_val = correct_val / total_val

                    valid_curve.append(los_val.item())
                    logger.info("Valid:\t Epoch[{:0>3}/{:0>3}] Iteration[{:0>3}/{:0>3}] Loss: {:.4f} Acc:{:.2%}".format(
                        epoch + 1, MAX_EPOCH, j + 1, len(valid_loader), los_val.item(), acc_val))

                    acc_curve.append(acc_val)
                    global best_acc
                    if acc_val > best_acc:
                        logger.info("New best acc in valid:{:.2%}".format(acc_val))
                        best_acc = acc_val
                        torch.save(net, 'train_process/best.pth')

        torch.save(net, 'train_process/last.pth')
```

训练代码中增加了日志输出,以及模型准确率的计算方法。

模型准确率的计算方法如下:

```python
    _, predicted = torch.max(outputs.data, 1)
            total += labels.size(0)
            correct += (predicted == labels.to(device)).squeeze().sum().cpu().numpy()
    acc = correct/total
```

即准确率为

$$准确率 = \frac{预测正确的样本数量}{样本总数量} \tag{3-3}$$

对于训练结果的可视化,可以通过如下代码来完成。

```python
    def vis_process():
        # 显示 train 曲线
```

```python
train_x = range(len(train_curve))
train_y = train_curve
plt.plot(train_x, train_y, label='Train')
plt.ylabel('train loss value')
plt.xlabel('Log times')
plt.title('Train Loss')
plt.savefig('train_process-catdog-loss.svg', format='svg', dpi=300)
plt.show()

# 显示 val 曲线
valid_x = range(len(valid_curve))
valid_y = valid_curve
plt.plot(valid_x, valid_y, label='Valid')

plt.ylabel('valid loss value')
plt.xlabel('Log times')
plt.title('Valid Loss')
plt.savefig('valid_process-catdog-loss.svg', format='svg', dpi=300)
plt.show()

# 显示 acc 准确率曲线
acc_x = range(len(acc_curve))
acc_y = acc_curve
plt.plot(acc_x, acc_y, label='Acc')

plt.ylabel('acc value')
plt.xlabel('Log times')
plt.title('Accuracy')
plt.savefig('valid_process-catdog-acc.svg', format='svg', dpi=300)
plt.show()
```

添加代码，使得训练运行起来：

```python
if __name__ == '__main__':
    train()
    vis_process()
```

模型训练 30 轮次后所预测的准确率如下。

```
Training:Epoch[030/030] Iteration[140/176] Loss: 0.4232 Acc:80.49%
Training:Epoch[030/030] Iteration[150/176] Loss: 0.4192 Acc:80.46%
Training:Epoch[030/030] Iteration[160/176] Loss: 0.4194 Acc:80.39%
Training:Epoch[030/030] Iteration[170/176] Loss: 0.4125 Acc:80.39%
```

在验证集上的最佳准确率为

[line:146][INFO] New best acc in valid:68.88%

模型的训练损失呈下降趋势，意味着可以增加训练轮次，进一步提高模型精度，如图 3-8 所示。

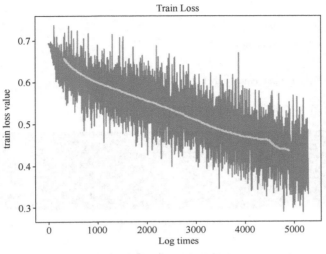

图 3-8 训练损失曲线

任务 3.4 应用分类网络推理更多图片

应用分类网络推理更多图片

在项目中添加名为"inference_catdog"的 Python 文件，添加推理代码如下。

```python
from torchvision import transforms
from PIL import Image

import torch

path_img = "data/dogs-vs-cats/val/dog/dog.11250.jpg"
label_name = {0: "cat", 1: "dog"}
norm_mean = [0.485, 0.456, 0.406]
norm_std = [0.229, 0.224, 0.225]
valid_transform = transforms.Compose([
    transforms.Resize((64, 64)),
    transforms.ToTensor(),
    transforms.Normalize(norm_mean, norm_std),
])

device = torch.device("cuda:0" if torch.cuda.is_available() else "cpu")

img = Image.open(path_img).convert('RGB')    # 0~255
```

```python
img = valid_transform(img)   # 在这里转换为 tensor，并使数据从 H×W×C 转换为 1×C×H×W
model = torch.load('train_process/best.pth')
model.eval()
outputs = model(img.to(device).unsqueeze(0))
print(outputs)
_, predicted = torch.max(outputs.data, 1)
label = predicted.cpu().numpy()[0]
print(label)
print('预测结果为'+ label_name[label])
```

程序运行结果如图 3-9 所示，可以进行图片的分类预测。

```
D:\DevTools\anaconda\envs\learn-pytorch\python.exe D:\works\dev\learn-pytorch\chp3\my-pytorch-deeplearning\inference_catdog.py
tensor([[-3.1305,  3.1955]], device='cuda:0', grad_fn=<AddmmBackward0>)
1
预测结果为dog

Process finished with exit code 0
```

图 3-9　程序运行界面

以上输出中，outputs 输出结果不够直观，期望输出结果为有多大概率为猫，以及有多大概率为狗，称为预测模型的**置信度**，修改最后 3 行代码为

```python
confidence = torch.softmax(outputs, 1).cpu().squeeze(0).detach().numpy()
print(confidence)
label = predicted.cpu().detach().numpy()[0]
print(label)
print(f'预测结果为{label_name[label]}, 置信度为{confidence[label]}')
```

再次运行程序，输出结果如下。

```
tensor([[-3.1305,  3.1955]], device='cuda:0', grad_fn=<AddmmBackward0>)
[0.00178585 0.9982141 ]
1
预测结果为 dog, 置信度为 0.9982141256332397
```

这里调用了 torch.softmax 函数，**Softmax 函数又称归一化指数函数**，是基于 Sigmoid 二分类函数在多分类任务上的推广，在多分类网络中，常用 Softmax 作为最后一层进行分类，其对应的计算公式为

$$\text{Softmax}(x_i) = \frac{e^{x_i}}{\sum_{i=1}^{n} e^{x_i}} \tag{3-4}$$

从 Softmax 的计算公式来看，其将最终的多分类输出归一化到 [0,1] 区间。Softmax 函数的数学原理可以从两个方面解释：指数函数和归一化。首先，Softmax 函数中的指数函数将输入向量中的每个元素进行指数运算，这样可以放大数值之间的差异。指数函数的特点是将负数映射为接近 0 的小数，将正数映射为较大的数值。其次，Softmax 函数中的归一化操作使得所有

元素的和为 1。归一化操作的目的是将所有元素的数值进行调整，使得它们之和为 1，从而满足概率分布的性质。Softmax 函数通过指数函数和归一化操作，将输入向量转换为概率分布形式，后续只需要从预测结果向量中选取概率最大作为分类结果即可。

任务 3.5　认识深度学习的主要任务：回归与分类

深度学习是一种机器学习方法，广泛应用于各种任务中。其中，回归和分类是深度学习中两个主要的任务。

认识深度学习的主要任务

1. 回归（Regression）

回归任务的目标是预测连续数值的输出。深度学习在回归问题中可以学习到数据之间的复杂关系。例如，预测房价、股票价格、气温等连续变量的值。在回归任务中，可以使用不同的神经网络架构（如多层感知器、卷积神经网络）和损失函数（如均方误差、平均绝对误差）来训练模型。

2. 分类（Classification）

分类任务的目标是将输入数据分为不同的类别。深度学习在分类问题中能够有效地从大量的特征中进行学习，自动提取数据中的有用信息，从而实现高准确率的分类。例如，图像分类、语音识别、文本分类等任务都属于分类问题。在分类任务中，可以使用不同的神经网络架构和损失函数来训练模型。

无论是回归还是分类任务，深度学习的关键在于设计适当的神经网络架构和损失函数，并根据数据的特点进行适当的数据预处理和模型调优。

3.5.1　线性回归

回归可以分为线性回归和逻辑回归。线性回归的本质是对数据的线性拟合，项目 2 所述二维曲线拟合就是其中的一种应用。给出了一个 input 输入，要求预测另一个 output 输出，这样就构成了最简单的单变量回归模型。相应地，结合多层感知机 MLP 模型，对于 input 输入可以是任意维度，都可以得到对应的一个 output 输出，从而构成了多变量回归模型。

例如，经典的波士顿房价预测案例，包括如下字段。其部分数据集如图 3-10 所示。

ZN：住宅用地所占比例。

INDUS：城市中非商业用地所占比例。

CHAS：查尔斯河虚拟变量，用于回归分析。

NOX：环保指数。

RM：每栋住宅的房间数。

AGE：1940 年以前建成的自建房比例。

DIS：距离 5 个波士顿就业中心的加权距离。

RAD：距离高速公路的便利指数。

TAX：每一万元的不动产税率。

PTRATIO：城市中教师学生比例。

其数据位于 https://archive.ics.uci.edu/ml/machine-learning-databases/housing/housing.data，如图 3-10 所示。

ZN	INDUS	CHAS	NOX	RM	AGE	DIS	RAD	TAX	PTRATIO
18	2.31	0	0.538	6.575	65.2	4.09	1	296	15.3
0	7.07	0	0.469	6.421	78.9	4.9671	2	242	17.8
0	7.07	0	0.469	7.185	61.1	4.9671	2	242	17.8
0	2.18	0	0.458	6.998	45.8	6.0622	3	222	18.7
0	2.18	0	0.458	7.147	54.2	6.0622	3	222	18.7
0	2.18	0	0.458	6.43	58.7	6.0622	3	222	18.7
12.5	7.87	0	0.524	6.012	66.6	5.5605	5	311	15.2
12.5	7.87	0	0.524	6.172	96.1	5.9505	5	311	15.2
12.5	7.87	0	0.524	5.631	100	6.0821	5	311	15.2
12.5	7.87	0	0.524	6.004	85.9	6.5921	5	311	15.2
12.5	7.87	0	0.524	6.377	94.3	6.3467	5	311	15.2
12.5	7.87	0	0.524	6.009	82.9	6.2267	5	311	15.2
12.5	7.87	0	0.524	5.889	39	5.4509	5	311	15.2
0	8.14	0	0.538	5.949	61.8	4.7075	4	307	21
0	8.14	0	0.538	6.096	84.5	4.4619	4	307	21
0	8.14	0	0.538	5.834	56.5	4.4986	4	307	21
0	8.14	0	0.538	5.935	29.3	4.4986	4	307	21

图 3-10 波士顿数据集（截取一部分）

以上数据进行输入之前，需要对数据进行预处理，例如，NOX 列数据值过小，而 AGE、TAX 等列的值过大，可以通过缩放系数来使所有输入值保持在一个水平，再输入网络进行训练，单独创建了一个 dataset 文件夹，并对每个业务数据对应创建一个 Dataset 类，是为了规范化数据清洗、整理与数据增强的代码的编写位置，从而使得程序更加可读。

3.5.2 二分类与逻辑回归

线性回归预测的是一个连续值，逻辑回归给出的是"是"和"否"的回答。"是"和"否"是一种概率问题，就是多大的可能性为"是"，多大的可能性为"否"。例如，明天下雨的概率，10%下雨，90%不下雨。这种预测就称为逻辑回归。逻辑回归只需要对 output 输出加上一个 Sigmoid 对数概率回归函数，就可以用来求其输出的概率。

二分类是指将数据分为两类，例如，将佩戴口罩图片和未佩戴口罩图片分开。而逻辑回归是一种广泛用于分类的算法，它可用于两类或多类分类问题，并且回归分析中也经常使用。

逻辑回归模型假定因变量（输出变量）y 服从逻辑分布（Logistic Distribution），且与自变量（输入变量）x 之间存在线性关系。逻辑分布是一种 S 形函数（如 Sigmoid 函数），因此该模型在未经过映射的情况下输出值的分布范围始终在 0 和 1 之间。我们可以将逻辑回归看作是一种决策边界，即确定将输出值大于某个阈值的输入字符分为某个类，而将输出值小于该阈值的输入字符划分到另一个类。

在二分类的情况下，分类器的目标是预测数据的输出标签，即 1 或 0。如果尝试建立一个分类器，它仅基于输入事件的某些属性从数据中预测正确标签，则可能会遇到某些困难。因此，可以运用逻辑回归来解决上述问题，它旨在学习如何基于输入特征来预测标签。

逻辑回归主要由以下三个部分组成。

1. 激励函数

激励函数可将模型的线性输出映射到指定范围内。例如，逻辑回归模型中的激励函数是逻辑函数，它将线性输出映射到 0~1 的范围内。

2. 损失函数

损失函数用于比较模型的预测输出值与实际输出值，并确定模型分配给特定权重和偏移的系统的准确性。在逻辑回归中，最常用的损失函数是交叉熵，即分类任务中调用的 nn.CrossEntropyLoss( )函数。

3. 优化函数

优化函数的目的是通过计算当前损失函数和每次更新模型参数来改善模型的性能。在逻辑回归中，最常用的优化函数是梯度下降，它会计算当前的梯度，并将变量"移动"该函数下降方向上的一小步。

因此，在二分类问题中，逻辑回归模型的目标是根据输入特征对给定数据进行预测，并使用训练数据及其相应的真实标签来调整模型的权重和偏移。

在训练过程中，模型首先将训练数据的输入特征传递到激励函数中，在此处，逻辑函数对总权重求和做出响应，并将输出值映射到特定范围内。模型会将此输出与对应值进行比较，并使用损失函数表示模型的预测与实际标签之间的差距。在将这些信息传递回模型的优化函数后，模型会因此带着调整权重和偏移的误差进行微调，以提高模型性能。

总的来说，逻辑回归是一种普遍用于分类问题的算法。在二分类中，逻辑回归模型的目标是根据给定数据中的输入特征对其进行预测，并使用训练数据及其标签来调整模型参数，从而对测试数据进行分类。

3.5.3 多分类问题处理

Sigmoid 激励函数解决的是二分类问题，对于多个选项的问题，可以使用 Softmax 激励函数，它是 Sigmoid 在 n 个不同可能值上的推广。

多分类数据集相对于猫狗大战数据来讲，数据规模和类别更多，其中 ImageNet 是最为知名的一个数据集。ImageNet 包含超过 1500 万张标记高分辨率图像的数据集，属于大约 22 000 个类别。这些图片是从网上收集的，并由人工标记人员使用亚马逊的土耳其机械（Mechanical Turk）众包工具进行标记。从 2010 年开始，作为 Pascal 视觉对象挑战赛的一部分，一项名为 ImageNet 大规模视觉识别挑战赛（ILSVRC）的年度竞赛已经举行。ILSVRC 使用 ImageNet 的一个子集，在 1000 个类别中每个类别大约有 1000 张图像。总共大约有 120 万张训练图像、5 万张验证图像和 15 万张测试图像。ImageNet 的官网为 https://image-net.org/。图为 ImageNet 对应的层级类别结构，如图 3-11 所示。

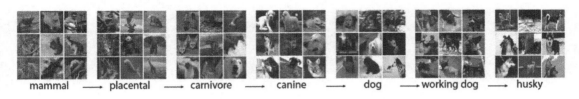

图 3-11 ImageNet 层级类别结构

读者可以在学习本书内容后，独立设计网络结构，挑战一下 ImageNet 分类的准确率。

ImageNet 模型的排名见 https://paperswithcode.com/sota/image-classification-on-imagenet。当前排名如图 3-12 所示，前 20 名的网络模型准确率已经超过 90%。

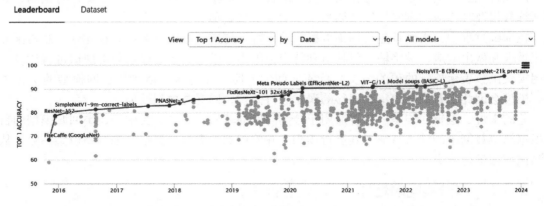

图 3-12　ImageNet 对应的分类模型准确率排行榜（截至 2024 年 2 月 1 日，来自 paperswithcode.com）

习题

1）总结猫狗分类数据集创建的方法，可以按照该数据集格式，自己创建各种分类数据集，如杯子、图书等。

2）修改图像分类网络结构中的激活函数和模型参数，如将输入改为 256×256×3，如果输入修改后，还需要修改哪些参数？

3）修改训练轮次，完成 300 轮训练，比较检测精度是否有所提升。

项目 4 提升猫狗图像分类的准确率

项目背景

项目 3 完成了猫狗图像分类搭建,但是分类的准确率仅有 69%,一般在实际应用场景中,准确率需要达到 95% 以上。为了提高图像分类的准确率,一种名为**卷积神经网络**(Convolutional Neural Network, CNN)的网络结构被提出来,通过在网络中使用卷积层(Convolutional Layer)、池化层(Pooling Layer)和全连接层(Fully Connected Layer)来自动学习图像中的空间层次特征。由于其准确性和易用性,迅速成为深度学习中应用广泛的架构之一。

项目背景

值得一提的是,为了提高模型的性能,可以使用预训练的卷积神经网络模型(如 VGG、ResNet 等),这些模型已经在大规模图像数据集上进行了训练,可以直接在猫狗图像分类任务中进行微调或迁移学习,从而节省了大量的训练时间和资源。

知识目标:
- 深入理解卷积神经网络(CNN)的基本概念、结构和原理。
- 学习卷积层、池化层和全连接层的功能,以及它们在图像特征提取中的作用。
- 学习不同经典卷积神经网络架构,如 AlexNet、VGGNet、ResNet、MobileNet 等,并理解它们的优缺点及适用场景。
- 掌握卷积层尺寸(如滤波器大小、步长、填充等)的计算方法及其对模型性能的影响。

能力目标:
- 能够具体分析卷积网络各层之间的关系,并理解整个网络的训练和推理过程。
- 熟练运用 Dropout、MaxPool2d、Batch Normalization 等模型优化技术以提高网络性能和防止过拟合。
- 掌握使用 PyTorch 等深度学习框架构建和训练卷积神经网络,并应用于图像分类。
- 具备调整网络结构和超参数来优化模型性能的能力。

素养目标:
- 培养在模型性能不佳时,能够发现并分析问题的批判性思维能力。
- 培养根据项目需求和数据特点,能够自主选择合适的网络架构和技术的创新能力。
- 培养通过实践案例,能够将理论知识应用到解决实际问题中的能力。
- 培养在团队中有效沟通和协作,以及对深度学习领域的持续学习和探索精神。

任务 4.1 多层感知机问题分析

多层感知机问题分析

在项目 3 中,通过 MLP 多层感知机实现了神经网络从数据集构建、模型设计、训练设置到推理应用的全过程开发框架的搭建,并开发了日志管理、数据可视化等辅助工具来观察训练过程。接下来我们的注意力回到神经网络结构设计本身。

为了更好地观察我们的网络结构,在项目中继续补充将模型导出为 ONNX 文件的代码,步骤如下。

1)打开"my-pytorch-deeplearning"项目,在根目录下添加名为"torch2onnx.py"的 Python 文件。

2)输入如下代码,实现 PyTorch 模型导出为 ONNX 结构模型。

```
import os
import torch

model = torch.load(os.path.join('train_process/best.pth'))
model.eval()

device = torch.device("cuda:0" if torch.cuda.is_available() else "cpu")
dummy_input = torch.randn(1, 3, 64, 64).to(device)

torch.onnx.export(
    model,
    dummy_input,
    'model_dogcat.onnx',
    input_names = ['input'],
    output_names = ['output'],
    # dynamic_axes = {'input': {0: 'batch_size'}, 'output': {0: 'batch_size'}}
)
```

3)运行程序,完成 ONNX 模型的导出。

4)利用 Netron 工具,查看设计的网络结构,如图 4-1 所示。设计的神经网络输入为 1×3×64×64 维度,这是 PyTorch 所要求的格式。因此图像在进入网络之前一般需要做一次格式的转换,该工作在数据增强时已经由 PyTorch 完成,对应的代码如下。

```
valid_transform = transforms.Compose([
    transforms.Resize((64, 64)),
    transforms.ToTensor(),
    transforms.Normalize(norm_mean, norm_std),
])
img = Image.open(path_img).convert('RGB')    # 0~255
img = valid_transform(img)    # 从宽×高×通道数转为 1×通道数×宽×高
```

仔细观察图 4-1,可以单击某个节点展开查看具体的数据信息,如图 4-2 所示。

当前网络存在以下问题。

1)网络不够深,对于一张图片而言,以分辨率为 640 像素×640 像素的彩色图像为例,其本身的特征维度高达 1 228 800 个,由于计算机内存的显示,我们只能压缩特征维度,在此基础上,采用了 5 层网络结构,总参数已经超过 400 万个,但是网络的学习能力一般。

项目 4　提升猫狗图像分类的准确率

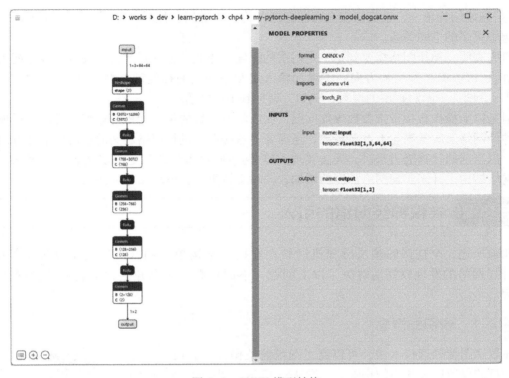

图 4-1　ONNX 模型结构

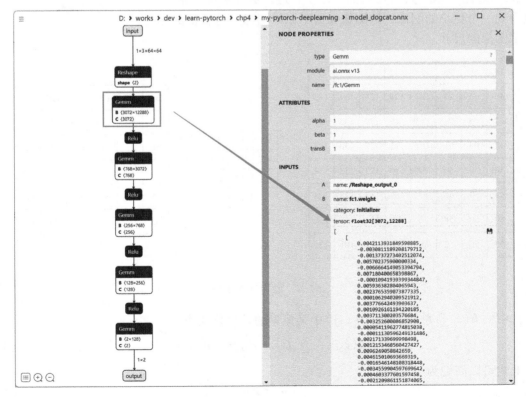

图 4-2　展开查看节点信息

2）网络结构单一，我们仅仅是将图像展开为一维数组，然后通过线性矩阵相乘，难以表达图像中更多的空间关系。

研究表明，神经网络需要到达一定层次的深度，才能具备良好的特征提取和表达能力，因此改进设计的 MLP 网络的方向：①增加输入层和中间层的神经元个数，例如，增加到 640×640×3；②增加中间隐藏层的层数，例如，增加到 10~20 层。

但是以上操作直接带来参数爆炸问题，深度学习参数的传播为矩阵运算，维度的增加使得一个神经网络层次就高达上万亿参数，还需要对这些参数进行网络层间的正向传播和方向传播求导，以当前的计算能力来讲，无法实现 MLP 网络向更多参数和更深层次扩展，因此，需要新的网络结构设计来实现网络深度的增加，同时支持更大分辨率图像的输入。

任务 4.2 卷积神经网络的引入

如前所述，全连接的多层感知机网络存在网络结构单一和网络层次难以过深等问题，卷积神经网络的发现较好地解决了以上问题，下面从卷积概念开始讲解卷积神经网络的实现过程。

4.2.1 卷积的概念

卷积的概念

在数字图像处理技术中，可以通过图像滤波操作来完成对图片主要信息的保留以及噪声的剔除。如图 4-3 所示，用一个 3×3 的矩阵 $\boldsymbol{h}(x,y)$ 和图像矩阵 $\boldsymbol{f}(x,y)$ 按照一定步长进行加权平均计算，最终可以得到一个更小的图像，该图像保留了原始图像显著特征的同时，减小了图像的尺寸。

45	60	98	127	132	133	137	133
46	65	98	123	126	128	131	133
47	65	96	115	119	123	135	137
47	63	91	107	113	122	138	134
50	59	80	97	110	123	133	134
49	53	68	83	97	113	128	133
50	50	58	70	84	102	116	126
50	50	52	58	69	86	101	120

$f(x,y)$

*

0.1	0.1	0.1
0.1	0.2	0.1
0.1	0.2	0.1

$h(x,y)$

=

69	95	116	125	129	132
68	92	110	120	126	132
66	86	104	114	124	132
62	78	94	108	120	129
58	69	83	98	112	124
53	60	71	85	100	114

$g(x,y)$

图 4-3 卷积操作示意图

其中的 $\boldsymbol{h}(x,y)$ 总和为 1，$\boldsymbol{g}(x,y)$ 中某像素的计算公式为

$$\boldsymbol{g}(i,j)=\sum_{k,l}\boldsymbol{f}(i+k,j+l)\boldsymbol{h}(k,l) \tag{4-1}$$

上式可以简记为

$$\boldsymbol{g}=\boldsymbol{f}\otimes\boldsymbol{h} \tag{4-2}$$

其中，$\boldsymbol{h}$ 称为**滤波系数**，这种特殊的乘法操作⊗被称为**卷积**，因此 $\boldsymbol{h}$ 也被称为**卷积核**。

可以发现，图像经过卷积操作后，整体尺寸变小，我们通过程序示例来查看卷积操作后的结果，具体步骤如下。

1) 在 "my-pytorch-deeplearning" 项目中，创建一个名为 misc 的文件夹，我们可以将一些实验型的代码放置其中。

2) 选中创建的 "misc" 文件夹，创建名为 "convolve.py" 的 Python 文件，并添加如下代码。

```python
import numpy
import numpy as np
import cv2

def convolve(image, kernel):
    # 获取图像和卷积核的尺寸
    image_h, image_w = image.shape
    kernel_h, kernel_w = kernel.shape

    # 创建一个空白矩阵，用于存储卷积后的结果
    output = np.zeros((image_h - kernel_h + 1, image_w - kernel_w +1))

    # 对于每一个滑动窗口位置，计算其与卷积核的内积并将结果存储于相应的位置
    for h in range(0, image_h - kernel_h +1):
        for w in range(0, image_w - kernel_w +1):
            output[h, w] = (image[h:h + kernel_h, w:w + kernel_w] * kernel).sum()

    return output
```

3) 添加测试运行程序，代码如下所示。

```python
if __name__ == '__main__':
    f = cv2.imread('../data/dogs-vs-cats/val/cat/cat.11250.jpg')
    cv2.imshow('img_f', f)

    h = np.array([
        [0.1, 0.1, 0.1],
        [0.1, 0.2, 0.1],
        [0.1, 0.1, 0.1]
    ])

    g = convolve(f[:,:,0],h).astype(np.uint8)
    cv2.imshow('img_g', g)
    cv2.waitKey()
```

在程序中应用了 OpenCV 图像处理库，该库是流行的计算机视觉库，在很多神经网络项目中均有使用。本程序中 OpenCV 代码的作用主要是读取硬盘的图像，并保存为维度为宽度 $W \times$

高度 H×通道数 C 的二维矩阵格式，打开"anaconda prompt"控制台，并输入以下指令完成 OpenCV 图像处理库的安装。

```
conda activate learn-pytorch
pip install opencv-python
```

运行程序，可以发现结果和原图没有明显变化，只是从彩色图像转为了灰度图像。

4.2.2 添加步长

下面修改 convolve（image，kernel）函数，增加一个步长（Stride），即让卷积不是逐像素和原图进行操作，而是跳过一定的步长，如图 4-4 所示。设步长为 4 后，8×8 的矩阵经过卷积操作后，减少为 2×2 的大小，图像信息被压缩到 1/16。

添加步长

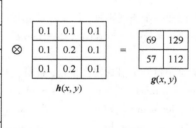

图 4-4　步长为 4 的卷积操作

继续在"convolve.py"添加名为"convolve_with_stride"的函数，代码如下。

```
def convolve_with_stride(image, kernel, stride):
    # 获取图像和卷积核的尺寸
    image_h, image_w = image.shape
    kernel_h, kernel_w = kernel.shape

    # 创建一个空白矩阵，用于存储卷积后的结果，考虑图像步长大小
    output = np.zeros((int((image_h - kernel_h + stride)/stride), int((image_w - kernel_w + stride)/stride)))

    # 滑动窗口增加了步长
    for h in range(0, image_h - kernel_h + 1, stride):
        for w in range(0, image_w - kernel_w + 1, stride):
            output[int(h/stride), int(w/stride)] = (image[h:h + kernel_h, w:w + kernel_w] * kernel).sum()

    return output
```

修改测试运行程序，代码如下。

```python
if __name__ == '__main__':

    f = cv2.imread('../data/dogs-vs-cats/val/cat/cat.11250.jpg')
    cv2.imshow('img_f', f)

    h = np.array([
        [0.1, 0.1, 0.1],
        [0.1, 0.2, 0.1],
        [0.1, 0.1, 0.1]
    ])
    # 卷积核为h，卷积步长为4
    g0 = convolve_with_stride(f[:,:,0], h, 4).astype(np.uint8)
    g1 = convolve_with_stride(f[:,:,1], h, 4).astype(np.uint8)
    g2 = convolve_with_stride(f[:,:,2], h, 4).astype(np.uint8)

    g = cv2.merge([g0, g1, g2])
    print(f.shape)
    print(g.shape)
    cv2.imshow('img_g', g)
    cv2.waitKey()
```

这里调用了 OpenCV 中的 merge 函数，将分开进行卷积操作的彩色图像三通道进行了合并。卷积的步长设置为 4，运行程序，运行结果如图 4-5 所示。

图 4-5　程序运行结果

通过卷积操作，图像尺寸从（289，500，3）降低到了（72，125，3），同时保留了图像的显著特征。因此，卷积成了进行图像参数压缩的一个工具，经过卷积操作后形成的图，称为**特征图（Feature Map）**。

4.2.3 填充边缘

卷积计算时，引入步长后，会存在边缘无法参与到卷积运算的情况，例如，图4-4的卷积步长改为3，发现图像的边缘部分被忽略了，导致了信息损失，因此需要对输入图像在边界进行填充操作，让更多的元素参与运算，如图4-6所示，这一过程称为填充边缘（Padding）。

图4-6 图像边缘填充

边界补齐的规则，可以是补0，也可以对边界值进行复制，或者补充某个灰度值。利用OpenCV，可以很容易实现图像边缘填充操作，代码如下。

```
def convolve_with_stride_padding(image, kernel, stride, padding):

    # 填充
    image = cv2.copyMakeBorder(image, padding, padding, padding, padding, 0)
    # 后面代码和 convolve_with_stride 相同，不再列出
    ...
```

在调用时，只需要将 convolve_with_stride 替换为函数，代码如下。

```
g0 = convolve_with_stride_padding(f[:,:,0], h, 4, 1).astype(np.uint8)
g1 = convolve_with_stride_padding(f[:,:,1], h, 4, 1).astype(np.uint8)
g2 = convolve_with_stride_padding(f[:,:,2], h, 4, 1).astype(np.uint8)

g = cv2.merge([g0, g1, g2])
```

程序运行结果没有明显变化，读者可以自行运行程序查看。

通过图像的卷积操作，可以显著降低参数数量，相对于之前的MLP网络，新的网络可以改成如图4-7所示的网络结构，对比之前的MLP网络，不再是简单的Resize(64,64)操作，而是通过多层卷积来表达图像的特征。

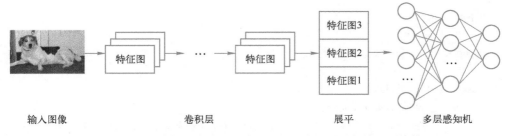

图 4-7 在多层感知机和输入图像之间加入卷积层后的神经网络模型

此时需要训练确定的仅仅是每个通道对应的卷积核参数,如果采用 3×3 卷积,最多也只有 9 个参数,即使图像是 RGB 三通道,每层的参数数量仅有 9×3+1 = 28 个,最后一个 1 是本层对应的偏置 b。

4.2.4 卷积神经网络结构

卷积神经网络结构

如果输入一幅 256×256 像素的图像,现在只有 28 个参数进行表达,参数过少,需要一种解决方法。PyTorch 的线性神经网络函数 nn.Linear(input_feature, output_feature),在神经网络层次间传递时,可以指定每层神经元的个数。那是否可以指定特征图的数量,例如,对于每个图像通道,创建 10 个卷积核,每个卷积核都来学习图像的特征,即使这样,每层的参数数量也仅为 9×3×10+1 = 271 个,而网络的表达能力大大提高。自此,诞生了一种新的网络结构,被命名为**卷积神经网络**。自卷积神经网络诞生以来,网络的层次大幅加深,伴随一些减缓链式乘法造成的梯度消失或者梯度爆炸机制,网络层次达到了 100 多层,多个特征图的卷积神经网络结构如图 4-8 所示。

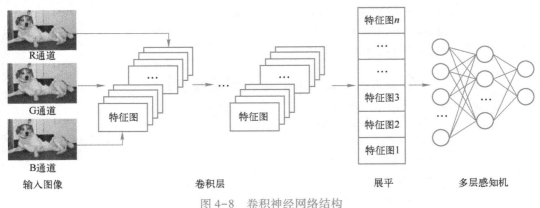

图 4-8 卷积神经网络结构

任务 4.3 卷积网络结构编程实现

卷积操作的参数包括卷积核大小、步长和填充量,在 PyTorch 中提供了卷积函数,使得神经网络结构设计代码简单。

卷积网络结构编程实现

在"my-pytorch-deeplearning"项目中,在 model 文件夹上,单击右键,创建名为"lenet.py"的 Python 文件,并输入如下代码。

```python
import torch
from torch import nn
import torch.nn.functional as F


class LeNet(nn.Module):
    def __init__(self, classes=2):
        # 使用 super 调用父类中的 init 函数对 LeNet 进行初始化，初始化后 LeNet 类的 8 个
        # nn.Module 属性都是空的
        super(LeNet, self).__init__()
        # 构建网络子模块，存储到 LeNet 的 module 属性中
        # 这种 conv1 的卷积层和 fc1 的全连接层也是一个 Module 的子类，其中已经预定好了
        # 相关的 Module 属性
        # 这种子模块的 module 属性一般为空，即其中不再包含更小的子模块，而 parameters
        # 中则存储了相关的权值等属性
        # nn.Conv2d(3,6,5) 只是实现了一个卷积层的实例化，而赋值给 self.conv1 才实现了
        # 该卷积层到 LeNet 的 module 属性中的添加
        # 这里进行赋值时其实会被 setattr 函数拦截，对赋值的数据类型进行判断，如果是
        # module 类或者其子类，则赋值给 LeNet 的 module
        # module 这个属性其实是一个字典，赋值操作就是向该字典中添加键值对，键就是 conv1，
        # 值就是 nn.Conv2d(3,6,5) 这个卷积层实例
        # 赋值时候如果判断数据类型为 Parameter 类，则会存储到 LeNet 中的 Parameter 字典
        # (即 Parameter 属性) 中
        self.conv1 = nn.Conv2d(3, 6, 5)
        self.conv2 = nn.Conv2d(6, 16, 5)
        self.fc1 = nn.Linear(16 * 13 * 13, 120)
        self.fc2 = nn.Linear(120, 84)
        self.fc3 = nn.Linear(84, classes)

    # 按照每层网络结构写出 forward 函数，即如何进行前向传播
    def forward(self, x):
        out = F.relu(self.conv1(x))
        out = F.max_pool2d(out, 2)
        out = F.relu(self.conv2(out))
        out = F.max_pool2d(out, 2)
        out = out.view(out.size(0), -1)
        out = F.relu(self.fc1(out))
        out = F.relu(self.fc2(out))
        out = self.fc3(out)
        return out
```

继续添加测试代码，查看网络结构信息：

```python
if __name__ == '__main__':
    from torchstat import stat
```

```
# 单个数
dumpy_input = torch.rand([1, 3, 64, 64])
model = LeNet()
stat(model, (3,64,64))
output = model(dumpy_input)
print(output)
```

运行“lenet. py”，输入信息如图 4-9 所示，网络由项目 3 的 400 多万参数降低到了 30 多万参数。

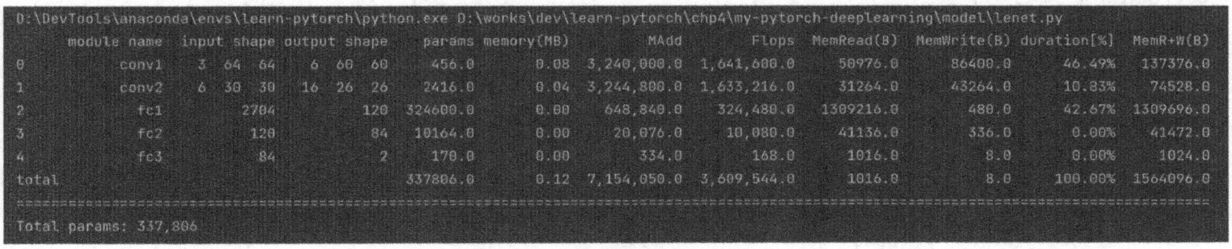

```
D:\DevTools\anaconda\envs\learn-pytorch\python.exe D:\works\dev\learn-pytorch\chp4\my-pytorch-deeplearning\model\lenet.py
      module name  input shape output shape     params memory(MB)          MAdd         Flops  MemRead(B)  MemWrite(B) duration[%]   MemR+W(B)
0           conv1    3  64  64    6  60  60      456.0       0.08  3,240,000.0  1,641,600.0     50976.0      86400.0      46.49%    137376.0
1           conv2    6  30  30   16  26  26     2416.0       0.04  3,244,800.0  1,633,216.0     31264.0      43264.0      10.83%     74528.0
2             fc1         2704          120   324600.0       0.00    648,840.0    324,480.0   1309216.0        480.0      42.67%   1309696.0
3             fc2          120           84    10164.0       0.00     20,076.0     10,080.0     41136.0        336.0       0.00%     41472.0
4             fc3           84            2      170.0       0.00        334.0        168.0      1016.0          8.0       0.00%      1024.0
total                                         337806.0       0.12  7,154,050.0  3,609,544.0      1016.0          8.0     100.00%   1564096.0
==============================================================================================================================================
Total params: 337,806
```

图 4-9 LeNet 网络参数

单击 nn. Conv2d 切换到 PyTorch 的“conv. py”文件，查看 nn. Conv2d 的参数意义。

```
def __init__(
        self,
        in_channels: int,
        out_channels: int,
        kernel_size: _size_2_t,
        stride: _size_2_t = 1,
        padding: Union[str, _size_2_t] = 0,
        dilation: _size_2_t = 1,
        groups: int = 1,
        bias: bool = True,
        padding_mode: str = 'zeros',   # TODO: refine this type
        device=None,
        dtype=None
    ) -> None:
```

in_channels 对应输入通道个数，out_channels 对应的是输出通道个数，由于卷积的输入和输出均为特征图矩阵，所以卷积层可以无限级联。

输入矩阵经过卷积操作后的图像尺寸计算公式为

$$\text{Size}_{\text{out}}=\frac{(\text{Size}_{in}-\text{Size}_{\text{kernel}}+2\cdot\text{padding})}{\text{stride}}+1 \tag{4-3}$$

输出尺寸=(输入尺寸-滤波器尺寸+2＊零填充)/步幅+1

其中，Size_{in}是指输入特征图的尺寸；$\text{Size}_{\text{kernel}}$是指卷积核的大小；padding 是指在输入特征图的边缘填充像素个数；stride 是指卷积核在输入特征图上每次移动的距离。

以输入 64×64 大小的图像为例，self. conv1 = nn. Conv2d(3, 6, 5)在 forward 函数中的输出

为 1×6×60×60。

以上代码还有两点需要注意的地方。

1）相对于之前的 torch.relu，这里采用了 F.relu 写法，在代码头部引入了 import torch.nn.functional as F，本质上 torch.relu 也是调用了 torch.nn.functional 模块，因此两种写法均可。

2）在 forward 函数中新出现了 out = F.max_pool2d(out, 2) 函数，顾名思义，max_pool2d 的作用是对特征图进行最大值过滤，由此进一步缩小了特征图的大小而无须引入额外的参数，如图 4-10 所示。

以上网络结构基于经典的 LeNet 网络演化而来，如图 4-11 所示。它是深度学习中第一个成功应用于手写数字识别的卷积神经网络，并且被认为是现代卷积神经网络的基础。

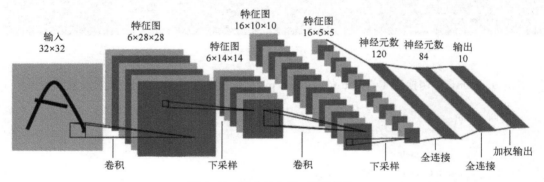

图 4-10 F.max_pool2d(out, 2) 最大池化示意图

图 4-11 经典的 LeNet 网络结构

任务 4.4 网络训练及结果评估

网络的训练方法和前几章类似，仅需要做一些细微改动，具体过程如下。

1）打开项目的"train-catdog.py"，在文件头部加入定义的 Lenet 网络模型的引用。

```
from model.lenet import LeNet
```

2）找到第 63 行，注释掉 net = MLP(classes=2)，并添加一行，注意由于读者输入代码时，行之间的空白未必与本书输入一致，该代码可能位于 63 行附近。可以按〈Ctrl+F〉组合键，通过输入"net = MLP(classes=2)"进行查找定位，后面的代码均可用类似方式来定位。

```
net = LeNet(classes=2)
```

3）运行程序，开始进行卷积神经网络的训练。

发现 Train 的改动似乎也是可以配置的，事实上有很多开源的框架，基于 PyTorch 进行了二次封装，只需要做一些网络模型的配置，从训练到推理均已经封装为库供用户调用。一个类似的优秀库为 https://openmmlab.com/。读者在掌握基本内容的基础上，可以进一步在官网上研究该库的使用。OpenMMLab 框架如图 4-12 所示。

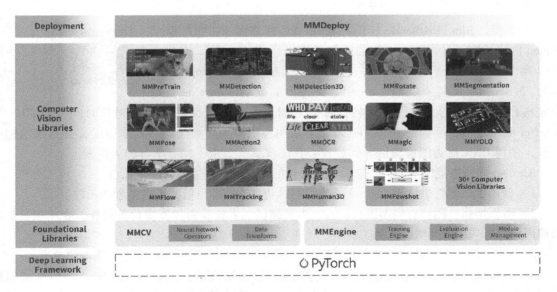

图 4-12　OpenMMLab 框架

4）这里依旧训练 30 个 Epoch，用于观察训练收敛情况，训练结束后在训练集的准确率为 90.78%，在验证集的最佳准确率为 82.12%，对应的训练损失曲线以及验证集上的准确率曲线如图 4-13 所示。从图上观察可以发现，训练曲线的下降趋势没有结束，读者可以增加训练 Epoch 次数，如 300 个，进一步提高模型精度。

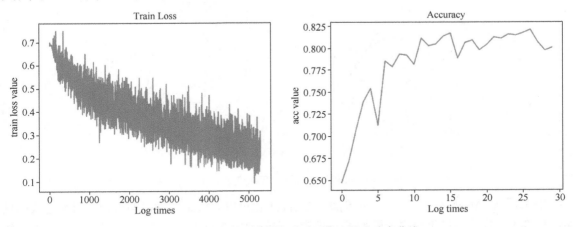

图 4-13　训练损失曲线以及验证集上的准确率曲线

对比项目 3 的 MLP 网络可以发现，同为 5 层网络，这里用更少的参数，得到了更高的准确率。

任务 4.5　认识更多网络结构

卷积神经网络具备较好的特征提取能力，在实际项目上取得了巨大成功，吸引了无数的研究人员投身其中，发布了许多经典的模型，下面介绍其中一些应用较广的模型。

4.5.1 AlexNet 网络模型

2012 年，Alex Krizhevsky、Ilya Sutskever 在多伦多大学 Geoff Hinton 的实验室设计出了一个深层的卷积神经网络 AlexNet，夺得了 2012 年 ImageNet LSVRC 的冠军，且准确率远超第二名（top5 错误率为 15.3%，第二名为 26.2%），引起了很大的轰动。AlexNet 可以 说是具有历史意义的一个网络结构，在此之前，深度学习已经沉寂了很长时间，自 2012 年 AlexNet 诞生之后，后面的 ImageNet 冠军都是用卷积神经网络（CNN）来做的，并且层次越来越深，使得 CNN 成为图像识别分类的核心算法模型，带来了深度学习的大爆发。

AlexNet 之所以能够成功，跟这个模型设计的特点有关，主要有以下几点。

1）使用了非线性激活函数 ReLU：本项目改进的 LeNet 也借鉴了这个激活函数。

2）数据增强：随机对数据进行旋转、水平翻转、平移及对比度变化等操作，在本项目的预处理部分，也采用数据增强机制。

3）归一化层：即对每层运算后的结果，重新归一化到一定区间，缩小数据取值范围。

4）Dropout 的引入：引入 **Dropout 主要是为了防止过拟合**。在神经网络中，Dropout 通过修改神经网络本身结构来实现，对于某一层的神经元，通过定义的概率将神经元置为 0，这个神经元就不参与前向和后向传播，就如同在网络中被删除了一样，同时保持输入层与输出层神经元的个数不变，然后按照神经网络的学习方法进行参数更新。在下一次迭代中，又重新随机删除一些神经元（置为 0），直至训练结束，如图 4-14 所示，**相当于每次训练参数仅更新部分参数**。在 PyTorch 中提供了 dropout 函数，可以直接调用。

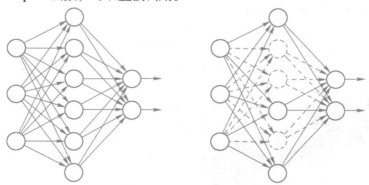

图 4-14 Dropout 机制示意图（每次训练更新部分参数）

Dropout 是 AlexNet 中一个很大的创新，Dropout 也可以看成是一种模型组合，每次生成的网络结构都不一样，通过组合多个模型的方式能够有效地减少过拟合，Dropout 只需要两倍的训练时间即可实现模型组合（类似取平均）的效果，非常高效。

AlexNet 网络结构如图 4-15 所示，当时使用了 GTX580 的 GPU 进行训练，由于单个 GTX 580 GPU 只有 3GB 内存，这限制了在其上训练的网络的最大规模，因此他们在每个 GPU 中放置一半核（或神经元），将网络分布在两个 GPU 上进行并行计算，大大加快了 AlexNet 的训练速度。

其中每层参数量及计算量如图 4-16 所示。

下面完成 AlexNet 模型的创建、训练及推理。

1）右击"my-pytorch-deeplearning"项目的"model"文件夹，创建名为"alexnet.py"的 Python 文件，并输入如下代码。

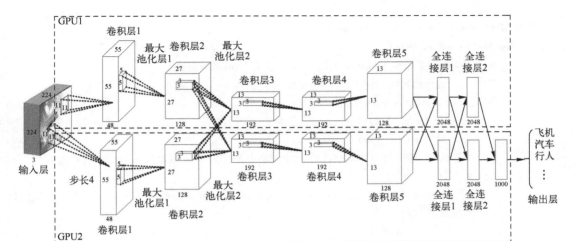

图 4-15 AlexNet 网络结构

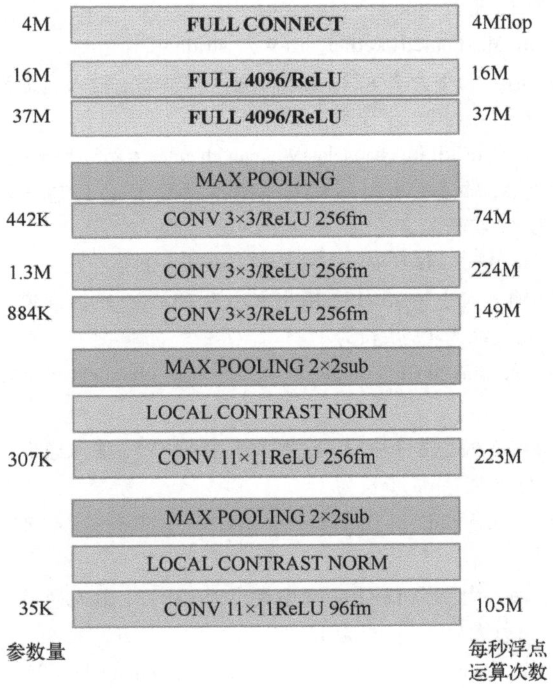

图 4-16 AlexNet 每层参数量及计算量

```
# 导入 PyTorch 库
import torch
# 导入 torch.nn 模块
from torch import nn
# nn.functional：（一般引入后改名为F）有各种功能组件的函数实现，如 F.conv2d
import torch.nn.functional as F

# 定义 AlexNet 网络模型
```

```python
# MyAlexNet（子类）继承 nn.Module（父类）
class MyAlexNet(nn.Module):
    # 子类继承中重新定义 Module 类的__init__()和 forward()函数
    # init()：进行初始化，申明模型中各层的定义
    def __init__(self, classes=2):
        # super：引入父类的初始化方法给子类进行初始化
        super(MyAlexNet, self).__init__()
        # 卷积层，输入大小为 224×224，输出大小为 55×55，输入通道为 3，输出为 96，卷积核
        # 为 11，步长为 4
        self.c1 = nn.Conv2d(in_channels=3, out_channels=96, kernel_size=11, stride=4, padding=2)
        # 使用 ReLU 作为激活函数
        self.ReLU = nn.ReLU()
        # MaxPool2d：最大池化操作
        # 最大池化层，输入大小为 55×55，输出大小为 27×27，输入通道为 96，输出为 96，
        # 池化核为 3，步长为 2
        self.s1 = nn.MaxPool2d(kernel_size=3, stride=2)
        # 卷积层，输入大小为 27×27，输出大小为 27×27，输入通道为 96，输出为 256，卷积核
        # 为 5，扩充边缘为 2，步长为 1
        self.c2 = nn.Conv2d(in_channels=96, out_channels=256, kernel_size=5, stride=1, padding=2)
        # 最大池化层，输入大小为 27×27，输出大小为 13×13，输入通道为 256，输出为 256，
        # 池化核为 3，步长为 2
        self.s2 = nn.MaxPool2d(kernel_size=3, stride=2)
        # 卷积层，输入大小为 13×13，输出大小为 13×13，输入通道为 256，输出为 384，卷积核
        # 为 3，扩充边缘为 1，步长为 1
        self.c3 = nn.Conv2d(in_channels=256, out_channels=384, kernel_size=3, stride=1, padding=1)
        # 卷积层，输入大小为 13×13，输出大小为 13×13，输入通道为 384，输出为 384，卷积核
        # 为 3，扩充边缘为 1，步长为 1
        self.c4 = nn.Conv2d(in_channels=384, out_channels=384, kernel_size=3, stride=1, padding=1)
        # 卷积层，输入大小为 13×13，输出大小为 13×13，输入通道为 384，输出为 256，卷积核
        # 为 3，扩充边缘为 1，步长为 1
        self.c5 = nn.Conv2d(in_channels=384, out_channels=256, kernel_size=3, stride=1, padding=1)
        # 最大池化层，输入大小为 13×13，输出大小为 6×6，输入通道为 256，输出为 256，
        # 池化核为 3，步长为 2
        self.s5 = nn.MaxPool2d(kernel_size=3, stride=2)
        # Flatten()：将张量（多维数组）平坦化处理，神经网络中第 0 维表示的是 batch_size，
        # 所以 Flatten()默认从第二维开始平坦化
        self.flatten = nn.Flatten()
        # 全连接层
        # Linear(in_features, out_features)
        # in_features 指的是[batch_size, size]中的 size，即样本的大小
```

```python
        # out_features 指的是[batch_size,output_size]中的output_size,样本输出的维度大小,
        # 也代表了该全连接层的神经元个数
        self.f6 = nn.Linear(6×6×256, 4096)
        self.f7 = nn.Linear(4096, 4096)
        # 全连接层&softmax
        self.f8 = nn.Linear(4096, 1000)
        self.f9 = nn.Linear(1000, classes)

    # forward():定义前向传播过程,描述了各层之间的连接关系
    def forward(self, x):
        x = self.ReLU(self.c1(x))
        x = self.s1(x)
        x = self.ReLU(self.c2(x))
        x = self.s2(x)
        x = self.ReLU(self.c3(x))
        x = self.ReLU(self.c4(x))
        x = self.ReLU(self.c5(x))
        x = self.s5(x)
        x = self.flatten(x)
        x = self.f6(x)
        # Dropout:随机地将输入中50%的神经元激活设为0,即去掉了一些神经节点,防止过拟合
        # "失活的"神经元不再进行前向传播并且不参与反向传播,这个技术减少了复杂的
        # 神经元之间的相互影响
        x = F.dropout(x, p=0.5)
        x = self.f7(x)
        x = F.dropout(x, p=0.5)
        x = self.f8(x)
        x = F.dropout(x, p=0.5)
        x = self.f9(x)
        return x


# 每个Python模块(Python文件)都包含内置的变量 __name__,当该模块被直接执行的时候,
# __name__ 等于文件名(包含扩展名.py)
# 如果该模块import到其他模块中,则该模块的 __name__ 等于模块名称(不包含扩展名.py)
# "__main__"始终指当前执行模块的名称(包含扩展名.py)
# if确保只有单独运行该模块时,此表达式才成立,才可以进入此判断语法,执行其中的测试
# 代码,反之不行
if __name__ == '__main__':
    from torchstat import stat
    # rand:返回一个张量,包含了从区间[0, 1)的均匀分布中抽取的一组随机数,此处为
    # 四维张量
    dumpy_input = torch.rand([1, 3, 224, 224])
    # 模型实例化
```

```
    model = MyAlexNet( )
    output = model( dumpy_input)
    print( output)
    stat( model, (3, 224, 224))
```

以上代码进行了详细注释，总结了到目前为止我们所学的知识。对 AlexNet 做了调整，网络结构从原始的 8 层增加到了 13 层，并使之可以输出两个分类。

2）运行该代码，可以发现 MyAlexNet 的参数数量为 6000 万个，是一个大型网络，运行结果如图 4-17 所示，这个大型网络在猫狗分类上的性能会表现如何呢？我们拭目以待。

	module name	input shape	output shape	params	memory(MB)	MAdd	Flops	MemRead(B)	MemWrite(B)	duration[%]	MemR+W(B)
0	c1	3 224 224	96 55 55	34944.0	1.11	210,830,400.0	105,705,600.0	741888.0	1161600.0	13.92%	1903488.0
1	ReLU	256 13 13	256 13 13	0.0	0.17	43,264.0	43,264.0	173056.0	173056.0	0.00%	346112.0
2	s1	96 55 55	96 27 27	0.0	0.27	559,872.0	290,400.0	1161600.0	279936.0	0.00%	1441536.0
3	c2	96 27 27	256 27 27	614656.0	0.71	895,795,200.0	448,084,224.0	2738560.0	746496.0	16.62%	3485056.0
4	s2	256 27 27	256 13 13	0.0	0.17	346,112.0	186,624.0	746496.0	173056.0	5.54%	919552.0
5	c3	256 13 13	384 13 13	885120.0	0.25	299,040,768.0	149,585,280.0	3713536.0	259584.0	11.10%	3973120.0
6	c4	384 13 13	384 13 13	1327488.0	0.25	448,561,152.0	224,345,472.0	5569536.0	259584.0	13.92%	5829120.0
7	c5	384 13 13	256 13 13	884992.0	0.17	299,040,768.0	149,563,648.0	3799552.0	173056.0	16.66%	3972608.0
8	s5	256 13 13	256 6 6	0.0	0.04	73,728.0	43,264.0	173056.0	36864.0	5.53%	209920.0
9	flatten	256 6 6	9216	0.0	0.04	0.0	0.0	0.0	0.0	0.00%	0.0
10	f6	9216	4096	37752832.0	0.02	75,493,376.0	37,748,736.0	151048192.0	16384.0	16.70%	151064576.0
11	f7	4096	4096	16781312.0	0.02	33,550,336.0	16,777,216.0	67141632.0	16384.0	0.00%	67158016.0
12	f8	4096	1000	4097000.0	0.00	8,191,000.0	4,096,000.0	16404384.0	4000.0	0.00%	16408384.0
13	f9	1000	2	2002.0	0.00	3,998.0	2,000.0	12008.0	8.0	0.00%	12016.0
total				62380346.0	3.18	2,271,529,974.0	1,136,471,728.0	12008.0	8.0	100.00%	256723504.0

Total params: 62,380,346

图 4-17　MyAlexNet 运行结果

3）回到项目根目录，创建名为“train_catdog_alexnet. py”的文件。

4）复制“train_catdog. py”的代码到“train_catdog_alexnet. py”中。

5）修改“train_catdog_alexnet. py”代码的第 13 行，将“from model. lenet import LeNet”改为如下代码。

```
from model. alexnet import MyAlexNet
```

6）删除第 10 行的“from model. mlp import MLP”。

7）修改第 40 行的图像预处理部分，图像输入尺寸调整为 224（上面已经提及，代码可能位于 40 行附近，后面不再提行号问题）。

```
train_transform = transforms. Compose( [
    transforms. Resize( (224, 224)),
    transforms. RandomCrop( 224, padding=4),
    transforms. ToTensor( ),
    transforms. Normalize( norm_mean, norm_std),
])
```

8）第 61 行开始的代码，修改为对 AlexNet 的实例化，并增加 work_dir 变量。

```
# ===================== step 2/5 模型 =====================
net = MyAlexNet( classes=2)
net. to( device)
```

```
work_dir = os.path.join('train_process', 'alexnet')
os.makedirs(work_dir, exist_ok=True)
```

因为后续网络众多，需要分类查看网络效果，因此，这里增加一个工作目录，设置为 work_dir。

9）修改第 77 行，为 logger 增加工作目录。

```
logger = get_logger(os.path.join(work_dir, 'train_catdog.log'))
```

10）同理，对第 150 行开始的保存模型代码也做同步修改。

```
        if acc > best_acc:
            logger.info('New best acc in valid:{:.2%}'.format(acc))
            best_acc = acc
            torch.save(net, os.path.join(work_dir, 'best.pth'))

torch.save(net, os.path.join(work_dir, 'last.pth'))
```

11）对可视化代码部分完成相应的修改，均增加输出的工作目录。

```
plt.savefig(os.path.join(work_dir, 'train_process-catdog-loss.svg'), format='svg', dpi=300)
plt.savefig(os.path.join(work_dir, 'valid_process-catdog-loss.svg'), format='svg', dpi=300)
plt.savefig(os.path.join(work_dir, 'valid_process-catdog-acc.svg'), format='svg', dpi=300)
```

12）运行程序，得到如下输出：

```
New best acc in valid:92.08%
Training:Epoch[030/030] Iteration[170/176] Loss: 0.0216 Acc:99.10%
```

通过 30 次的训练，猫狗分类项目在验证集得到了 92.08% 的最高准确率，相对于多层感知机 MLP 不到 70% 的准确率有了巨大提升。生成的文件及准确率曲线如图 4-18 所示，代码框架日趋成熟，网络也更为稳定。

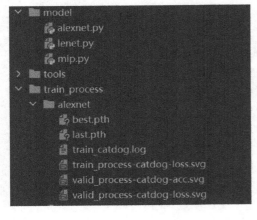
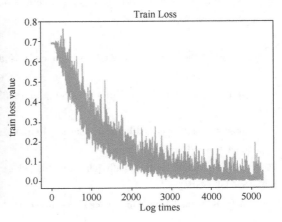

图 4-18　生成结果文件夹及损失函数、准确率曲线

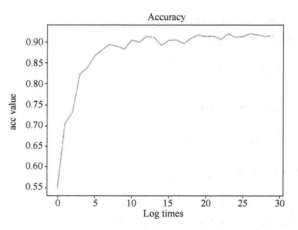

图4-18 生成结果文件夹及损失函数、准确率曲线（续）

13）在根目录下添加名为"inference_catdog_alexnet.py"的Python文件，从"inference_catdog.py"文件中，将代码复制过来，并修改其图像输入尺寸，增加工作目录设置，完整的推理代码如下。

```python
from torchvision import transforms
from PIL import Image
import os
import torch

path_img = 'data/dogs-vs-cats/val/dog/dog.11250.jpg'
label_name = {0: "cat", 1: "dog"}
norm_mean = [0.485, 0.456, 0.406]
norm_std = [0.229, 0.224, 0.225]
valid_transform = transforms.Compose([
    transforms.Resize((228, 228)),
    transforms.ToTensor(),
    transforms.Normalize(norm_mean, norm_std),
])

device = torch.device('cuda:0' if torch.cuda.is_available() else 'cpu')

work_dir = os.path.join('train_process', 'alexnet')

img = Image.open(path_img).convert('RGB')      # 0~255
img = valid_transform(img)                      # 在这里做transform, 转为tensor等
model = torch.load(os.path.join(work_dir, 'best.pth'))
model.eval()
outputs = model(img.to(device).unsqueeze(0))

print(outputs)
```

```
_, predicted = torch.max(outputs.data, 1)

confidence = torch.softmax(outputs, 1).cpu().squeeze(0).detach().numpy()
print(confidence)
label = predicted.cpu().detach().numpy()[0]
print(label)
print(f'预测结果为{label_name[label]}，置信度为{confidence[label]}')
```

14）运行程序"inference_catdog_alexnet.py"，输出结果为：

```
tensor([[-4.0409,  3.9165]], device='cuda:0', grad_fn=<AddmmBackward0>)
[3.4994946e-04 9.9965000e-01]
1
预测结果为dog，置信度为0.9996500015258789
```

至此，基于AlexNet结构完整地实现了一个自定义的MyAlexNet，准确率92.08%，变得"更高、更强"，但是没有"更快"，因为当前网络参数膨胀到了6000万个，相应的计算量和显存资源占用更高，在实际应用中，可以结合硬件资源进行取舍，是否要应用如此规模的网络。

4.5.2 VGGNet网络模型

VGGNet是由牛津大学视觉几何组（Visual Geometry Group，VGG）提出的一种深层卷积网络结构，他们以7.32%的错误率赢得了2014年ILSVRC分类任务的亚军（冠军由GoogLeNe以6.65%的错误率夺得）和25.32%的错误率夺得定位任务（Localization）的第一名（GoogLeNet错误率为26.44%），网络名称VGGNet取自该小组名缩写。VGGNet是首批把图像分类的错误率降低到10%以内的模型，同时该网络所采用的卷积核的思想是后来许多模型的基础，该模型发表在2015年国际学习表征会议（International Conference on Learning Representations，ICLR）后，至今被引用的次数已经超过14 000余次。

VGGNet网络模型

VGG遵循了LeNet和AlexNet奠定的CNN经典逐层串行堆叠的结构，并达到了传统结构深度和性能的极致。**其最大贡献是证明了卷积神经网络中小卷积核的使用和深度的增加对网络的最终分类识别效果有很大的作用。**

1. 使用3×3小卷积核

选择3×3大小卷积是因为它是最小的能够表示上下左右中心的卷积核，两个3×3的卷积堆叠获得的感受野大小，相当一个5×5的卷积；而3个3×3卷积的堆叠获取到的感受野相当于一个7×7的卷积。这样可以使模型深度变深，增加非线性映射，学习和表示能力变强，也能很好地减少参数（例如，7×7的参数为49个，而3个3×3的参数为27个）。

使用3×3卷积时，其padding为1，stride为1，这样就可以使卷积前后的feature map的尺度保持不变，只有通过max pooling层时feature map尺度缩小一半（2×2的卷积，stride为2）。

2. 网络层数越深效果越好

牛津大学视觉几何组将模型B中每个block中的两个3×3卷积替换成了一个5×5卷积进行

对照试验，结果是使用 5×5 卷积的模型 top-1 error 比模型 B 高了 7%，因为这两种卷积感受野是一样的，证明小而深的网络性能是要超过大而浅的网络的。

综上所述，VGGNet 使用了 3 个 3×3 卷积核来代替 7×7 卷积核，使用了两个 3×3 卷积核来代替 5×5 卷积核，在保证了具有相同感知野的条件下，提升了网络的深度，一定程度上提升了神经网络的效果。VGGNet 有多个版本，常用的是 VGG16，表示有 16 层的卷积，除此之外，还有 VGG11、VGG13 和 VGG19 等模型，其中 VGG16 网络模型如图 4-19 所示。

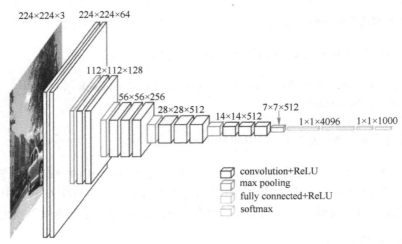

图 4-19　VGG16 网络模型

从图 4-19 中可以看出，VGG 结构由 5 层卷积层、3 层全连接层、softmax 输出层构成，层与层之间使用 max-pooling（最大池化）分开，所有隐藏层的激活单元都采用 ReLU 函数，不同层级的 VGG 网络结构如图 4-20 所示。

下面来创建 VGG16 模型。在项目的 model 文件夹下，添加名为"vgg.py"的 Python 文件，并添加如下代码。

```python
import torch
from torch import nn
from torchvision.models import VGG


# 创建模型
class MyVGG16Net(nn.Module):
    def __init__(self, classes=2):
        super(MyVGG16Net, self).__init__()
        # 特征提取层
        self.features = nn.Sequential(
            nn.Conv2d(in_channels=3, out_channels=64, kernel_size=3, stride=1, padding=1),
            nn.Conv2d(in_channels=64, out_channels=64, kernel_size=3, stride=1, padding=1),
            nn.MaxPool2d(kernel_size=2, stride=2),
            nn.Conv2d(in_channels=64, out_channels=128, kernel_size=3, stride=1, padding=1),
            nn.Conv2d(in_channels=128, out_channels=128, kernel_size=3, stride=1, padding=1),
```

```python
            nn.MaxPool2d(kernel_size=2, stride=2),
            nn.Conv2d(in_channels=128, out_channels=256, kernel_size=3, stride=1, padding=1),
            nn.Conv2d(in_channels=256, out_channels=256, kernel_size=3, stride=1, padding=1),
            nn.Conv2d(in_channels=256, out_channels=256, kernel_size=3, stride=1, padding=1),
            nn.MaxPool2d(kernel_size=2, stride=2),
            nn.Conv2d(in_channels=256, out_channels=512, kernel_size=3, stride=1, padding=1),
            nn.Conv2d(in_channels=512, out_channels=512, kernel_size=3, stride=1, padding=1),
            nn.Conv2d(in_channels=512, out_channels=512, kernel_size=3, stride=1, padding=1),
            nn.MaxPool2d(kernel_size=2, stride=2),
            nn.Conv2d(in_channels=512, out_channels=512, kernel_size=3, stride=1, padding=1),
            nn.Conv2d(in_channels=512, out_channels=512, kernel_size=3, stride=1, padding=1),
            nn.Conv2d(in_channels=512, out_channels=512, kernel_size=3, stride=1, padding=1),
            nn.MaxPool2d(kernel_size=2, stride=2),
        )
        # 分类层
        self.classifier = nn.Sequential(
            # 全连接的第一层，输入肯定是卷积输出的拉平值，即 6×6×256
            # 输出是由 VGGNet 决定的，为 4096
            nn.Linear(in_features=7 × 7× 512, out_features=4096),
            nn.ReLU(),
            nn.Dropout(0.5),
            nn.Linear(in_features=4096, out_features=4096),
            nn.ReLU(),
            nn.Dropout(0.5),
            nn.Linear(in_features=4096, out_features=1000),
            # 最后一层，两个类别
            nn.Linear(in_features=1000, out_features=classes)
        )

    def forward(self, x):
        x = self.features(x)
        # 不要忘记在卷积--全连接的过程中，需要将数据拉平
        # 之所以从 1 开始拉平，是因为批量训练
        # 传入的 x 为 [batch(每批的个数), x(长), x(宽), x(通道数)]
        # 因此拉平需要从第 1 (索引，相当于 2) 开始拉平
        # 变为 [batch, x×x×x]
        x = torch.flatten(x, 1)
        result = self.classifier(x)
        return result
```

在定义的 VGGNet 中，和原始的 VGGNet 相比，增加了一个 nn.Linear(in_features=1000, out_features=classes)，因为原始是针对 1000 个分类的 ImageNet 训练的，现在只有两个类。另外，由于层次较多，这里仿照 PyTorch 官方的写法，将网络结构层级间以逗号隔开，放在了

nn. Sequential 函数内，PyTorch 会自动帮我们构建层次变量。nn. Dropout(0.5)函数表示多少概率的网络会参与本次迭代，从而防止网络过拟合。

ConvNet Configuration					
A	A-LRN	B	C	D	E
11 weight layers	11 weight layers	13 weight layers	16 weight layers	16 weight layers	19 weight layers
input (224×224 RGB image)					
conv3-64	conv3-64 LRN	conv3-64 **conv3-64**	conv3-64 conv3-64	conv3-64 conv3-64	conv3-64 conv3-64
maxpool					
conv3-128	conv3-128	conv3-128 **conv3-128**	conv3-128 conv3-128	conv3-128 conv3-128	conv3-128 conv3-128
maxpool					
conv3-256 conv3-256	conv3-256 conv3-256	conv3-256 conv3-256	conv3-256 conv3-256 **conv1-256**	conv3-256 conv3-256 conv3-256	conv3-256 conv3-256 conv3-256 **conv3-256**
maxpool					
conv3-512 conv3-512	conv3-512 conv3-512	conv3-512 conv3-512	conv3-512 conv3-512 **conv1-512**	conv3-512 conv3-512 conv3-512	conv3-512 conv3-512 conv3-512 **conv3-512**
maxpool					
conv3-512 conv3-512	conv3-512 conv3-512	conv3-512 conv3-512	conv3-512 conv3-512 **conv1-512**	conv3-512 conv3-512 conv3-512	conv3-512 conv3-512 conv3-512 **conv3-512**
maxpool					
FC-4096					
FC-4096					
FC-1000					
soft-max					

图 4-20　不同层级的 VGG 网络结构

另外，一般将卷积层称为特征提取层，将 MLP 结构的全连接层称为分类层，更加明确卷积的作用是自动提取输入图像中的特征。

继续添加测试代码：

```
if __name__ == '__main__':
    from torchstat import stat
    # rand：返回一个张量，包含了从区间[0，1）的均匀分布中抽取的一组随机数，
    # 此处为四维张量
    dumpy_input = torch.rand([1, 3, 224, 224])
    # 模型实例化
    model = MyVGG16Net()
    output = model(dumpy_input)
    print(output)
    stat(model, (3, 224, 224))
```

运行结果如图 4-21 所示，可以发现，VGG16 模型的参数超过了 1.3 亿，模型尺寸超大。

	module name	input shape	output shape	params	memory(MB)	MAdd	Flops	MemRead(B)	MemWrite(B)	duration[%]	MemR+W(B)
0	features.0	3 224 224	64 224 224	1792.0	12.25	173,408,256.0	89,915,392.0	609280.0	12845056.0	4.65%	13454336.0
1	features.1	64 224 224	64 224 224	36928.0	12.25	3,699,376,128.0	1,852,899,328.0	12992768.0	12845056.0	8.92%	25837824.0
2	features.2	64 224 224	64 112 112	0.0	3.06	2,408,448.0	3,211,264.0	12845056.0	3211264.0	3.51%	16056320.0
3	features.3	64 112 112	128 112 112	73856.0	6.12	1,849,688,064.0	926,449,664.0	3506688.0	6422528.0	6.27%	9929216.0
4	features.4	128 112 112	128 112 112	147584.0	6.12	3,699,376,128.0	1,851,293,696.0	7012864.0	6422528.0	7.47%	13435392.0
5	features.5	128 112 112	128 56 56	0.0	1.53	1,204,224.0	1,605,632.0	6422528.0	1605632.0	1.30%	8028160.0
6	features.6	128 56 56	256 56 56	295168.0	3.06	1,849,688,064.0	925,646,848.0	2786304.0	3211264.0	5.06%	5997568.0
7	features.7	256 56 56	256 56 56	590080.0	3.06	3,699,376,128.0	1,850,490,880.0	5571584.0	3211264.0	7.11%	8782848.0
8	features.8	256 56 56	256 56 56	590080.0	3.06	3,699,376,128.0	1,850,490,880.0	5571584.0	3211264.0	7.66%	8782848.0
9	features.9	256 56 56	256 28 28	0.0	0.77	602,112.0	802,816.0	3211264.0	802816.0	1.30%	4014080.0
10	features.10	256 28 28	512 28 28	1180160.0	1.53	1,849,688,064.0	925,245,440.0	5523456.0	1605632.0	4.56%	7129088.0
11	features.11	512 28 28	512 28 28	2359808.0	1.53	3,699,376,128.0	1,850,089,472.0	11044864.0	1605632.0	9.01%	12650496.0
12	features.12	512 28 28	512 28 28	2359808.0	1.53	3,699,376,128.0	1,850,089,472.0	11044864.0	1605632.0	6.96%	12650496.0
13	features.13	512 28 28	512 14 14	0.0	0.38	301,056.0	401,408.0	1605632.0	401408.0	0.00%	2007040.0
14	features.14	512 14 14	512 14 14	2359808.0	0.38	924,844,032.0	462,522,368.0	9840640.0	401408.0	5.13%	10242048.0
15	features.15	512 14 14	512 14 14	2359808.0	0.38	924,844,032.0	462,522,368.0	9840640.0	401408.0	5.30%	10242048.0
16	features.16	512 14 14	512 14 14	2359808.0	0.38	924,844,032.0	462,522,368.0	9840640.0	401408.0	5.25%	10242048.0
17	features.17	512 14 14	512 7 7	0.0	0.10	75,264.0	100,352.0	401408.0	100352.0	1.20%	501760.0
18	classifier.0	25088	4096	102764544.0	0.02	205,516,800.0	102,760,448.0	411158528.0	16384.0	6.83%	411174912.0
19	classifier.1	4096	4096	0.0	0.02	4,096.0	4,096.0	16384.0	16384.0	0.00%	32768.0
20	classifier.2	4096	4096	0.0	0.02	0.0	0.0	0.0	0.0	0.00%	0.0
21	classifier.3	4096	4096	16781312.0	0.02	33,550,336.0	16,777,216.0	67141632.0	16384.0	1.21%	67158016.0
22	classifier.4	4096	4096	0.0	0.02	4,096.0	4,096.0	16384.0	16384.0	0.00%	32768.0
23	classifier.5	4096	4096	0.0	0.02	0.0	0.0	0.0	0.0	0.00%	0.0
24	classifier.6	4096	1000	4097000.0	0.00	8,191,000.0	4,096,000.0	16404384.0	4000.0	1.29%	16408384.0
25	classifier.7	1000	2	2002.0	0.00	3,998.0	2,000.0	12008.0	8.0	0.00%	12016.0
total				138359546.0	57.62	30,945,122,742.0	15,489,943,504.0	12008.0	8.0	100.00%	674802480.0

Total params: 138,359,546

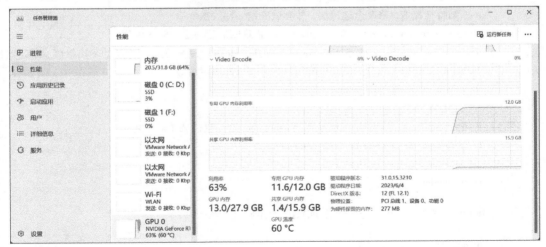

图 4-21　VGG16 网络模型结构的程序输出结果

复制“train_catdog_alexnet. py”为“train_catdog_vgg. py”，并做如下修改。

1）from model. alexnet import MyAlexNet 修改为 from model. vgg import MyVGG16Net。

2）第 65 行 net = MyAlexNet(classes=2)修改为 net = MyVGG16Net(classes=2)。

3）第 67 行 work_dir = os. path. join('train_process', 'alexnet')中的 alexnet 修改为 vgg16。

仅仅完成 3 处修改，就可以开始训练 VGG 网络模型。注意，VGG 模型非常大，显存占用率较高，超过了 11 GB，因此在 8 GB 显存的卡上，需要修改第 25 行的 BATCH_SIZE = 128，改为 BATCH_SIZE =64 或者更小，显存占用情况如图 4-22 所示。

图 4-22　VGG16 显存占用情况

经过 30 次的网络训练后，网络的准确率结果如下。

```
New best acc in valid:85.64%
```

对应的训练损失曲线和准确率曲线如图 4-23 所示，可以发现，网络远远没有收敛。

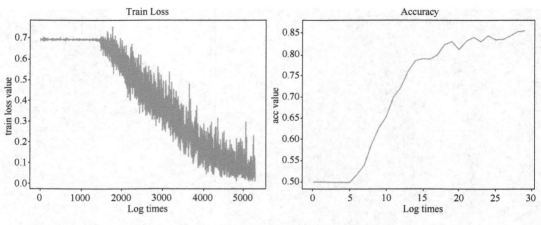

图4-23 VGG16模型的训练损失曲线和准确率曲线图

对于网络收敛慢的问题，可以采用**迁移学习**的方法，即利用其他人训练好的模型，在我们的任务上进行训练。考虑到大部分数据或任务都是存在相关性的，所以通过迁移学习可以将已经学到的模型参数（也可理解为模型学到的知识）通过某种方式来分享给新模型，从而加快并优化模型的学习效率，而不用让网络从零开始训练。

在项目的model文件夹中找到"vgg.py"文件，在头部导入预训练模型库。

```python
import torchvision
```

在 if __name__ == '__main__' 上方添加迁移学习的调用代码。

```python
def vgg_trans_learning(classes=2):
    model = torchvision.models.vgg16(pretrained=True)
    # 冻结特征提取，修改全连接层，并尝试冻结一些层次
    num_fc = model.classifier[6].in_features  # 获取最后一层的输入维度
    model.classifier[6] = torch.nn.Linear(num_fc, classes) # 修改最后一层的输出维度，即分类数
    # 对于模型的每个权重，使其不进行反向传播，即固定参数
    for param in model.parameters():
        param.requires_grad = False
    # 将分类器的最后层输出维度换成了num_cls，这一层需要重新学习
    for param in model.classifier[6].parameters():
        param.requires_grad = True
    return model
```

在 if __name__ == '__main__' 内添加测试代码：

```python
if __name__ == '__main__':
    from torchstat import stat
    # rand：返回一个张量，包含了从区间[0, 1)的均匀分布中抽取的一组随机数，此处为四维张量
    dumpy_input = torch.rand([1, 3, 224, 224])
    # 模型实例化
    # model = MyVGG16Net()
```

```
# output = model(dumpy_input)
# print(output)
# stat(model, (3, 224, 224))

model = vgg_trans_learning()
print(model)
print(model(dumpy_input))
stat(model, (3, 224, 224))
```

这里注释掉了之前自定义的 MyVGG16Net 代码,方便测试新的程序。运行程序,首次运行会下载 VGG16 预训练的模型,里面的参数均已经初始化完毕:

```
Downloading: "https://download.pytorch.org/models/vgg16-397923af.pth" to C:\Users\宋桂岭\.cache\torch\hub\checkpoints\vgg16-397923af.pth
```

观察发现,模型参数还是 1.3 亿个。

下面切换到"train_catdog_vgg.py"文件,在文件头部添加引用:

```
from model.vgg import vgg_trans_learning
```

并修改 63 行附近的网络实例化代码:

```
# net = MyVGG16Net(classes=2)
net = vgg_trans_learning(classes=2)
```

运行"train_catdog_vgg.py"文件,开始进行训练,在第一轮训练,我们就会惊喜地发现模型准确率超过了 97%,代码如下。

```
[INFO] Training:Epoch[001/030] Iteration[170/176] Loss: 0.0435 Acc:97.78%
[INFO] New best acc in valid:99.16%
```

训练结束后的损失曲线及准确率曲线如图 4-24 所示,可见网络已经收敛,模型准确率的最低值也超过了 98%,对于猫狗分类项目来讲是巨大的飞跃。

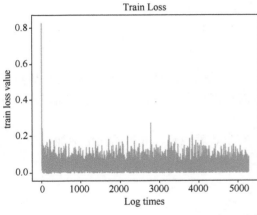 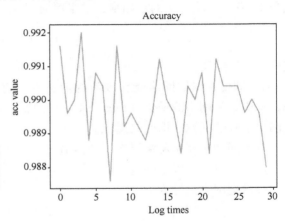

图 4-24 基于 VGG16 迁移学习的训练损失曲线和准确率曲线

这充分说明网络具有强大的记忆能力，基于 ImageNet 海量图片的千锤百炼后，一个充分训练的网络模型可以迅速适应新的任务要求，和人类处理问题的能力何其相似，迁移学习能力是深度学习技术得以流行的原因之一。

后面的推理代码，可以复制一份 "inference_catdog_alexnet.py" 文件，并命名为 "inference_catdog_vgg.py"，修改对应工作目录：

```
work_dir = os.path.join('train_process', 'vgg16')
```

运行推理程序，输出结果如下。

```
tensor([[-6.8482,  6.8767]], device='cuda:0', grad_fn=<AddmmBackward0>)
[1.094811e-06 9.999989e-01]
1
预测结果为 dog, 置信度为 0.999998927116394
```

4.5.3 ResNet 网络模型

对于卷积神经网络，我们已经接触了 LeNet, AlexNet 和 VGGNet，以上几个模型的共同结构如下。

ResNet 网络模型

1) 卷积层（Convolution）：提取图像的底层特征，将原图中符合卷积核特征的特征提取出来（卷积核特征是由网络自己学习出来的）。

2) 池化层/降采样层/下采样层（Pooling/Subsampling）：降低 Feature map 的维度，防止过拟合。

3) 全连接层/密集连接层（Fully Connected/Dense Layer）：将池化层的结果拉平（flatten）成一个长向量，汇总之前卷积层和池化层得到的底层的信息和特征。

4) 输出层（Output）：全连接+激活（二分类用 Sigmoid；多分类用 Softmax 归一化）。

目前接触的最深网络层次为 VGG19，即 19 层网络，VGG 中提到越深的网络性能越好，那再深的网络有没有可能，如 1000 层？网络加深会带来以下问题。

1) 梯度消失或爆炸问题，影响网络的收敛。以梯度消失为例，在反向传播过程中，每向前传播一层，都要乘以一个小于 1 的误差梯度，由于链式传播以乘法进行，以 1000 层为例，相当于 1000 个小于 1 的数相乘，结果趋向于 0，即

$$\prod_{k=1}^{1000} A_k = 0, \quad 0 < A < 1 \tag{4-4}$$

式中，A 为梯度。

2) 即使在深层网络能够收敛的前提下，随着网络深度的增加，正确率开始饱和甚至下降，这称之为网络的退化（Degradation）问题，可以观察几个网络的训练过程，或多或少存在正确率下降的问题，即网络退化。

以上问题主要是网络层次间的传播只有乘法，有学者就想到，如果给网络增加一个加法运算，是否可以解决以上问题？

假设把网络设计为

$$H(x) = F(x) + x \tag{4-5}$$

即下一层网络除了由卷积本身组成，上面的某一层的输出也参与计算，由于网络由神经元

组成，神经元之间通过参数矩阵进行连接，因此这种"上面某层输出参与计算"一般表达为**跳连接**，如图4-25所示。

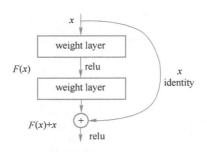

图4-25 跳连接为网络增加了加法操作

网络在学习时，需要学习的是 x 和 $H(x)$ 的差异，即学习 $F(x)$
$$F(x) = H(x) - x \tag{4-6}$$

这种学习差异 $F(x)$ 的网络称为残差网络（Residual Network，ResNet），由微软（MicroSoft）于2015年提出，作为一种深度卷积神经网络，旨在解决随着网络层数的加深，性能反而下降的问题，通过引入图4-25所示的残差模块来减少梯度消失的情况，使得上层特征更好被下一层继承。

$H(x) = F(x) + x$ 公式结合网络参数的最终表达式为
$$H(x) = F(x, \{W_i\}) + W_s x \tag{4-7}$$

其中，W_i 为残差 $F(x)$ 层的参数矩阵，W_s 是一个方阵，用于实现网络参数对齐，解决 x 作为某层的输出，其矩阵维度未必能完全和残差层参数对齐的问题。当上下层能够对齐时，跳连接公式为
$$H(x) = F(x, \{W_i\}) + x \tag{4-8}$$

同时，ResNet网络还在层与层之间添加了批量样本归一化（Batch Normalization，BN）机制，将神经网络中间层的输出数据变化到某个固定区间（范围）中，进一步加速了网络训练，该机制替代了Dropout机制，使得网络快速收敛。ResNet推出后，迅速得到了业内的广泛关注，网络最高层次突破了1000层，使之成为绝大多数深度神经网络任务的骨干网络（BackBone）。

BackBone这个单词原意指的是人的脊梁骨，后来引申为支柱、核心的意思。在计算机视觉领域，一般先对图像进行特征提取（常见的有VGGNet、ResNet，因为这些网络对于特征提取的效果比较好），这一部分是整个计算机视觉任务的根基，在通过BackBone生成的特征图FeatureMap的基础上再进行如分类、目标检测和图像分割等任务，BackBone一般也称为**特征编码**（Encoder），后面接上不同的**任务头**（Head）进行所需任务。

ResNet网络结构如图4-26所示，第一行内的数字代表不同的网络层次。

在ResNet中给出了ResNet与VGG19网络的对比图，这里截取其中的一部分，如图4-27所示。

从图4-27中，可以看出ResNet存在多个重复的残差模块，因此在代码中可以通过循环方式来增加网络模块层次，另外ResNet中针对浅层网络和深层网络采用了不同的网络结构，如图4-28所示。

layer name	output size	18-layer	34-layer	50-layer	101-layer	152-layer
conv1	112×112	7×7, 64, stride 2				
conv2_x	56×56	3×3, max pool, stride 2				
		$\begin{bmatrix} 3\times3, 64 \\ 3\times3, 64 \end{bmatrix}\times2$	$\begin{bmatrix} 3\times3, 64 \\ 3\times3, 64 \end{bmatrix}\times3$	$\begin{bmatrix} 1\times1, 64 \\ 3\times3, 64 \\ 1\times1, 256 \end{bmatrix}\times3$	$\begin{bmatrix} 1\times1, 64 \\ 3\times3, 64 \\ 1\times1, 256 \end{bmatrix}\times3$	$\begin{bmatrix} 1\times1, 64 \\ 3\times3, 64 \\ 1\times1, 256 \end{bmatrix}\times3$
conv3_x	28×28	$\begin{bmatrix} 3\times3, 128 \\ 3\times3, 128 \end{bmatrix}\times2$	$\begin{bmatrix} 3\times3, 128 \\ 3\times3, 128 \end{bmatrix}\times4$	$\begin{bmatrix} 1\times1, 128 \\ 3\times3, 128 \\ 1\times1, 512 \end{bmatrix}\times4$	$\begin{bmatrix} 1\times1, 128 \\ 3\times3, 128 \\ 1\times1, 512 \end{bmatrix}\times4$	$\begin{bmatrix} 1\times1, 128 \\ 3\times3, 128 \\ 1\times1, 512 \end{bmatrix}\times8$
conv4_x	14×14	$\begin{bmatrix} 3\times3, 256 \\ 3\times3, 256 \end{bmatrix}\times2$	$\begin{bmatrix} 3\times3, 256 \\ 3\times3, 256 \end{bmatrix}\times6$	$\begin{bmatrix} 1\times1, 256 \\ 3\times3, 256 \\ 1\times1, 1024 \end{bmatrix}\times6$	$\begin{bmatrix} 1\times1, 256 \\ 3\times3, 256 \\ 1\times1, 1024 \end{bmatrix}\times23$	$\begin{bmatrix} 1\times1, 256 \\ 3\times3, 256 \\ 1\times1, 1024 \end{bmatrix}\times36$
conv5_x	7×7	$\begin{bmatrix} 3\times3, 512 \\ 3\times3, 512 \end{bmatrix}\times2$	$\begin{bmatrix} 3\times3, 512 \\ 3\times3, 512 \end{bmatrix}\times3$	$\begin{bmatrix} 1\times1, 512 \\ 3\times3, 512 \\ 1\times1, 2048 \end{bmatrix}\times3$	$\begin{bmatrix} 1\times1, 512 \\ 3\times3, 512 \\ 1\times1, 2048 \end{bmatrix}\times3$	$\begin{bmatrix} 1\times1, 512 \\ 3\times3, 512 \\ 1\times1, 2048 \end{bmatrix}\times3$
	1×1	average pool, 1000-d fc, softmax				
FLOPs		1.8×10^9	3.6×10^9	3.8×10^9	7.6×10^9	11.3×10^9

图 4-26 ResNet 网络结构

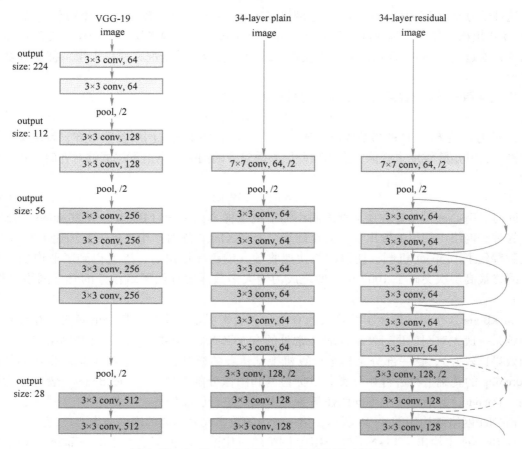

图 4-27 ResNet 与 VGG19 网络的对比图（部分）

下面开始进行 ResNet 的代码实现，该代码来源于 PyTorch 官方，可以先手动输入，学习 PyTorch 的工程师如何编写神经网络结构，实现模块的复用，具体步骤如下。

1）在项目"my-pytorch-deeplearning"的"model"文件夹中，创建"resnet.py"文件，导入头文件：

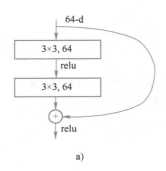
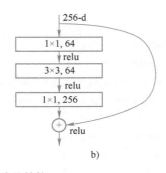

图 4-28 ResNet 残差结构
a) ResNet34　b) ResNet50/101/152

```
"""
ResNet 模型
"""

import torch.nn as nn
import torch
```

2）定义 ResNet18/34 残差网络块。注意，从 ResNet 开始，先定义模块，再组装为网络的代码风格开始流行，神经网络的搭建类似搭积木般进行构建，代码中的 nn.BatchNorm2d (out_channel) 即为之前所述的批量样本归一化，限制网络层输出值的取值范围，加快网络收敛。

```
"""
# 定义 BasicBlock 模块
# ResNet18/34 的残差结构用的是两个 3×3 大小的卷积
"""
class BasicBlock(nn.Module):
    expansion = 1    # 残差结构中，判断主分支的卷积核个数是否发生变化，不变则为 1

    def __init__(self, in_channel, out_channel, stride=1, downsample=None, **kwargs):
    # downsample 对应虚线残差结构
        super(BasicBlock, self).__init__()
        self.conv1 = nn.Conv2d(in_channels=in_channel, out_channels=out_channel,
                               kernel_size=3, stride=stride, padding=1, bias=False
                               )
        self.bn1 = nn.BatchNorm2d(out_channel)
        self.relu = nn.ReLU()
        self.conv2 = nn.Conv2d(in_channels=out_channel, out_channels=out_channel,
                               kernel_size=3, stride=1, padding=1, bias=False
                               )
        self.bn2 = nn.BatchNorm2d(out_channel)
        self.downsample = downsample
```

```python
def forward(self, x):
    identity = x
    if self.downsample is not None:          # 虚线残差结构,需要下采样
        identity = self.downsample(x)        # 捷径分支 short cut

    out = self.conv1(x)
    out = self.bn1(out)
    out = self.relu(out)

    out = self.conv2(out)
    out = self.bn2(out)

    out += identity
    out = self.relu(out)

    return out
```

3) 定义 ResNet50/101/152 残差网络块:

```python
# 定义 Bottleneck 模块
# ResNet50/101/152 的残差结构用的是 1×1+3×3+1×1 的卷积
"""
class Bottleneck(nn.Module):
    """
    # 注意:原论文中,在虚线残差结构的主分支上,第一个 1×1 卷积层的步距是 2,
    # 第二个 3×3 卷积层步距是 1
    # 但在 PyTorch 官方实现过程中是第一个 1×1 卷积层的步距是 1,第二个 3×3 卷积层步距是 2
    # 这么做的好处是能够在 top1 上提升大概 0.5%的准确率
    # 可参考 Resnet v1.5
    # https://ngc.nvidia.com/catalog/model-scripts/nvidia:resnet_50_v1_5_for_pytorch
    """
    expansion = 4    # 残差结构中第三层卷积核个数是第 1/2 层卷积核个数的 4 倍
    def __init__(self, in_channel, out_channel, stride=1, downsample=None, groups=1, width_per_group=64):
        super(Bottleneck, self).__init__()

        width = int(out_channel × (width_per_group / 64.)) × groups

        self.conv1 = nn.Conv2d(in_channels=in_channel, out_channels=width, kernel_size=1, stride=1, bias=False)
        self.bn1 = nn.BatchNorm2d(width)
        self.conv2 = nn.Conv2d(in_channels=width, out_channels=width, groups=groups,
```

```python
                              kernel_size=3, stride=stride, bias=False, padding=1
                              )
        self.bn2 = nn.BatchNorm2d(width)

        self.conv3 = nn.Conv2d(in_channels=width, out_channels=out_channel*self.expansion,
                               kernel_size=1, stride=1, bias=False)
        self.bn3 = nn.BatchNorm2d(out_channel*self.expansion)
        self.relu = nn.ReLU(inplace=True)
        self.downsample = downsample

    def forward(self, x):
        identity = x
        if self.downsample is not None:
            identity = self.downsample(x)    # 捷径分支 short cut

        out = self.conv1(x)
        out = self.bn1(out)
        out = self.relu(out)

        out = self.conv2(out)
        out = self.bn2(out)
        out = self.relu(out)

        out = self.conv3(out)
        out = self.bn3(out)

        out += identity
        out = self.relu(out)

        return out
```

4) 定义残差网络结构, 注意其中_make_layer 的写法, 这种排列组合方法可以调整网络层次数量, 创建任意深度的神经网络。

```python
"""
# 残差网络结构
"""
class ResNet(nn.Module):
    # block = BasicBlock or Bottleneck
    # blocks_num 为残差结构中 conv2_x~conv5_x 中残差块个数, 为一个列表
    def __init__(self, block, blocks_num, num_classes=1000, include_top=True, groups=1, width_per_group=64):
        super(ResNet, self).__init__()
        self.include_top = include_top
```

```python
        self.in_channel = 64
        self.groups = groups
        self.width_per_group = width_per_group

        self.conv1 = nn.Conv2d(3, self.in_channel, kernel_size=7, stride=2, padding=3, bias=False)
        self.bn1 = nn.BatchNorm2d(self.in_channel)
        self.relu = nn.ReLU(inplace=True)
        self.maxpool = nn.MaxPool2d(kernel_size=3, stride=2, padding=1)
        self.layer1 = self._make_layer(block, 64, blocks_num[0])
        self.layer2 = self._make_layer(block, 128, blocks_num[1], stride=2)
        self.layer3 = self._make_layer(block, 256, blocks_num[2], stride=2)
        self.layer4 = self._make_layer(block, 512, blocks_num[3], stride=2)
        if self.include_top:
            self.avgpool = nn.AdaptiveAvgPool2d((1,1))  # output size = (1, 1)
            self.fc = nn.Linear(512 * block.expansion, num_classes)

        for m in self.modules():
            if isinstance(m, nn.Conv2d):
                nn.init.kaiming_normal_(m.weight, mode='fan_out', nonlinearity='relu')

    # channel 为残差结构中第1层卷积核个数
    def _make_layer(self, block, channel, block_num, stride=1):
        downsample = None
        # ResNet50/101/152 的残差结构 block.expansion=4
        if stride != 1 or self.in_channel != channel * block.expansion:
            downsample = nn.Sequential(
                nn.Conv2d(self.in_channel, channel * block.expansion, kernel_size=1, stride=stride, bias=False),
                nn.BatchNorm2d(channel * block.expansion)
            )

        layers = []
        layers.append(block(self.in_channel,
                            channel,
                            downsample=downsample,
                            stride=stride,
                            groups=self.groups,
                            width_per_group=self.width_per_group))
        self.in_channel = channel * block.expansion

        for _ in range(1, block_num):
```

```python
                    layers.append(block(self.in_channel,
                                        channel,
                                        groups=self.groups,
                                        width_per_group=self.width_per_group,
                                        ))

        return nn.Sequential(*layers)

    def forward(self, x):
        x = self.conv1(x)
        x = self.bn1(x)
        x = self.relu(x)
        x = self.maxpool(x)

        x = self.layer1(x)
        x = self.layer2(x)
        x = self.layer3(x)
        x = self.layer4(x)

        if self.include_top:
            x = self.avgpool(x)
            x = torch.flatten(x, 1)
            x = self.fc(x)

        return x
```

5）下面代码创建了几种经典的 ResNet 网络结构，注释中是这几种网络的预训练模型。

```python
"""
# resnet34 结构
# https://download.pytorch.org/models/resnet34-333f7ec4.pth
"""
def resnet34(num_classes=1000, include_top=True):
    return ResNet(BasicBlock, [3, 4, 6, 3], num_classes=num_classes, include_top=include_top)


"""
# resnet50 结构
# https://download.pytorch.org/models/resnet50-19c8e357.pth
"""
def resnet50(num_classes=1000, include_top=True):
    return ResNet(Bottleneck, [3, 4, 6, 3], num_classes=num_classes, include_top=include_top)


"""
# resnet101 结构
```

```python
# https://download.pytorch.org/models/resnet101-5d3b4d8f.pth
"""
def resnet101(num_classes=1000, include_top=True):
    return ResNet(Bottleneck, [3, 4, 23, 3], num_classes=num_classes, include_top=include_top)


"""
# resnet50_32×4d 结构
# https://download.pytorch.org/models/resnext50_32x4d-7cdf4587.pth
"""
def resnet50_32×4d(num_classes=1000, include_top=True):
    groups = 32
    width_per_group = 4
    return ResNet(Bottleneck, [3, 4, 6, 3],
                  num_classes=num_classes,
                  include_top=include_top,
                  groups=groups,
                  width_per_group=width_per_group)


"""
# resnet101_32×8d 结构
# https://download.pytorch.org/models/resnext101_32x8d-8ba56ff5.pth
"""
def resnext101_32×8d(num_classes=1000, include_top=True):
    groups = 32
    width_per_group = 8
    return ResNet(Bottleneck, [3, 4, 23, 3],
                  num_classes=num_classes,
                  include_top=include_top,
                  groups=groups,
                  width_per_group=width_per_group)
```

6) 添加测试程序，查看网络结构。

```python
"""
测试模型
"""
if __name__ == '__main__':
    from torchstat import stat
    input1 = torch.rand([1, 3, 224, 224])
    model = resnet34(num_classes=2, include_top=True)
    stat(model, (3, 64, 64))

    print(model)
    output = model(input1)
```

```
print(output)
```

7) 运行程序，可以发现 ResNet34 网络的参数个数为 2100 万个。

```
Total params: 21,285,698
-------------------------------
Total memory: 3.07MB
Total MAdd: 599.31MMAdd
Total Flops: 299.9MFlops
Total MemR+W: 87.43MB
```

ResNet34 的 2500 万个参数相比 VGG16 的 1.3 亿个参数，模型参数数量大为减少，但是网络深度多了 18 层，注意这里的层次仅指卷积层。那 ResNet 的表现如何呢？我们来进行 ResNet34 网络的训练。

训练 ResNet34 网络的方法和训练 VGG 一样，复制"train_catdog_vgg.py"文件，并命名为"train_catdog_resnet.py"，在文件头部添加对 resnet 模型的引用：

```
from model.resnet import resnet34
```

修改网络定义及工作区，代码位于 61 行附近。

```
net = resnet34(num_classes=2)
net.to(device)
work_dir = os.path.join('train_process', 'resnet34')
os.makedirs(work_dir, exist_ok=True)
```

运行"train_catdog_resnet.py"，这里还是设置为 30 轮次，运行后的损失函数和准确率曲线如图 4-29 所示。

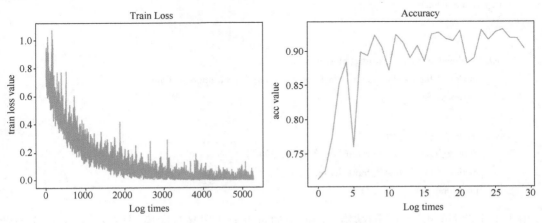

图 4-29 基于 ResNet34 训练的损失函数和准确率曲线

通过图 4-29 可以发现，相比 VGGNet，ResNet 可以快速收敛，符合"更高、更快、更强的目标"，因此 ResNet 广受欢迎。最好的验证集结构，以及训练迭代 30 轮后的输出结果如下。

```
New best acc in valid:93.24%
Training:Epoch[030/030] Iteration[160/176] Loss:0.0205 Acc:99.55%
Training:Epoch[030/030] Iteration[170/176] Loss:0.0160 Acc:99.54%
```

同理，也可以利用迁移学习来使用 ResNet 网络，具体步骤和 VGGNet 类似，读者可以参阅 VGGNet 的迁移学习过程来自己实现。

4.5.4 MobileNet 网络模型

MobileNet 网络模型

随着深度学习的发展，计算机视觉领域内的卷积神经网络模型也层出不穷。从 1998 年出现的 LeNet，到 2012 年引爆深度学习热潮的 AlexNet，再到后来 2014 年出现的 VGG、2015 年出现的 ResNet，深度学习网络模型在图像处理中应用的效果越来越好。神经网络体积越来越大，结构越来越复杂，预测和训练需要的硬件资源也逐步增多，往往只能在高算力的服务器中运行深度学习神经网络模型。移动设备因硬件资源和算力的限制，很难运行复杂的深度学习网络模型。

深度学习领域内也在努力促使神经网络向小型化发展。在保证模型准确率的同时体积更小、速度更快。到现在，业内提出了 SqueezeNet、ShuffleNet、NasNet、MnasNet 以及 MobileNet 等轻量级网络模型。这些模型使移动终端、嵌入式设备运行神经网络模型成为可能，而 MobileNet 在轻量级神经网络中较具代表性。

谷歌在 2019 年 5 月份推出了 MobileNetV3，下面直接用迁移学习来训练 MobileNetV3 的猫狗大战模型。

1. 模型结构查看

在项目的 model 文件夹中创建名为"mobilenet.py"的 Python 文件，并输入如下代码。

```
import torch
import torchvision


def mobilenetv3_trans_learning(classes=2):
    model = torchvision.models.mobilenet_v3_large(pretrained=True)
    return model


if __name__ == '__main__':
    dumpy_input = torch.rand([1, 3, 224, 224])
    model = mobilenetv3_trans_learning()
    print(model)
```

由于不了解 MobileNetV3 的结构，因此，通过以上代码来打印模型信息，同时首次启动会下载预训练模型。

```
Downloading: "https://download.pytorch.org/models/mobilenet_v3_large-8738ca79.pth" to C:\Users\宋桂岭/.cache\torch\hub\checkpoints\mobilenet_v3_large-8738ca79.pth
100.0%
```

模型分类部分的输出为:

```
(classifier): Sequential(
    (0): Linear(in_features=960, out_features=1280, bias=True)
    (1): Hardswish()
    (2): Dropout(p=0.2, inplace=True)
    (3): Linear(in_features=1280, out_features=1000, bias=True)
)
```

其中的 Hardswish() 为激活函数,自 ReLu 激活函数演变而来。我们需要做的工作是修改最后一行,使之 out_features=2,完整代码如下:

```python
import torch
import torchvision


def mobilenetv3_trans_learning(classes=2):
    model = torchvision.models.mobilenet_v3_large(pretrained=True)

    # 冻结特征提取,修改全连接层,并尝试冻结一些层次
    num_fc = model.classifier[3].in_features    # 获取最后一层的输入维度
    model.classifier[3] = torch.nn.Linear(num_fc, classes)  # 修改最后一层的输出维度,即分类数
    # 对于模型的每个权重,使其不进行反向传播,即固定参数
    for param in model.parameters():
        param.requires_grad = False
    # 将分类器的最后层输出维度换成了 num_cls,这一层需要重新学习
    for param in model.classifier[3].parameters():
        param.requires_grad = True
    return model


if __name__ == '__main__':
    from torchstat import stat
    # rand: 返回一个张量,包含了从区间[0, 1)的均匀分布中抽取的一组随机数,此处为四维张量
    dumpy_input = torch.rand([1, 3, 224, 224])
    model = mobilenetv3_trans_learning()
    print(model)
    print(model(dumpy_input))
    stat(model, (3, 224, 224))
```

运行程序,可以发现 MobileNetV3 的 Large 模型也仅有 420 万个参数,比之前 1.3 亿的 VGG16,2100 万的 ResNet34,无疑轻量了很多。

```
Total params: 4,204,594
------------------------------------
Total memory: 48.23MB
```

```
Total MAdd: 446.14MMAdd
Total Flops: 226.43MFlops
Total MemR+W: 85.35MB
```

2. 模型训练

MobileNetV3 的训练过程和 VGG、ResNet 类似,复制"train_catdog_vgg.py"文件,并命名为"train_catdog_mobilenetv3.py",在文件头部添加对 mobilenetv3 模型的引用。

```
from model.mobilenet import mobilenetv3_trans_learning
```

修改网络定义及工作区,代码位于 61 行附近。

```
net = mobilenetv3_trans_learning(classes=2)
net.to(device)
work_dir = os.path.join('train_process', 'mobilenetv3')
os.makedirs(work_dir, exist_ok=True)
```

运行"train_catdog_mobilenetv3.py",运行 30 轮后模型的最高准确率为 97.56%,最低准确率为 96.8%,损失函数和准确率曲线如图 4-30 所示,通过查看 GPU 内存占用,发现该模型在 BATCH_SIZE=128 时,训练过程仅占用 4GB 显存,对设备要求较低。

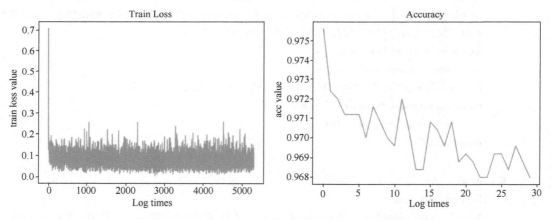

图 4-30 基于 MobileNetV3 训练的损失函数和准确率曲线

模型推理代码和之前类似,读者自行补充完整即可。

至此,我们利用卷积神经网络提升了猫狗图像的准确率,相比于传统的多层感知机 MLP,卷积神经网络性能提升巨大,其结构如图 4-31 所示,其中的特征提取层和全连接层可以分开调整。

图 4-31 卷积神经网络结构

习题

1）什么是卷积？卷积在图像处理中的作用是什么？
2）卷积操作的核心参数有哪些？如何利用这些参数求得卷积操作输出矩阵的尺寸？
3）简述训练卷积神经网络的一般步骤。
4）有哪些经典的卷积神经网络？
5）什么是迁移学习？举例说明迁移学习的应用。

项目 5　文本翻译

项目背景

当前流行的大模型基础 Transformer 是一种用于自然语言处理任务的深度学习模型,其性能基于自注意力机制。自注意力机制允许模型动态地为输入序列的每个位置分配不同的权重,以便更好地捕捉其内部的关系和依赖。本项目通过文本翻译实现案例来逐步通过代码讲解位置编码、多头自注意力、前馈神经网络子层、残差连接和层归一化等知识。另外,通过本文本翻译项目可以很好地解释解码器中的遮蔽注意力机制。

项目背景

本项目对 PyTorch 以及实现的 Transformer 模块进行实际应用,基于项目架构,可以快速调参和优化网络结构,并应用于文本分类、情绪感知等其他项目上,进一步地,可以自行学习 Vision Transformer 相关知识,实现图文混合应用。

知识目标:
- 理解自然语言处理(NLP)的基本概念及其在人工智能中的应用。
- 熟悉图灵测试的基本原理,了解其对人工智能发展的意义。
- 学习并掌握中文分词、向量化、位置编码等技术,理解它们在 NLP 中的重要性。
- 深入了解 Transformer 编码器和解码器的结构,以及它们在处理序列数据中的作用。
- 掌握 Transformer 的多头注意力机制,理解其如何提高模型的表征能力。
- 学习 Transformer 中的掩码机制,并了解其在解码过程中的应用。

能力目标:
- 能够独立构建 NLP 相关的数据集,并对其进行预处理。
- 具备比较和选择不同分词方法的能力,并能构建相应的数据词典。
- 熟练使用 PyTorch 框架,调用 Transformer 相关 API,构建和训练模型。
- 能够根据项目需求合理设置网络参数,进行模型的调优。

素养目标:
- 培养对项目需求的理解能力,能够快速把握项目的核心。
- 提升根据项目需求快速收集相关素材的能力,包括数据集、工具和文献资源。
- 加强快速查阅资料的能力,培养在面对问题时能够快速定位和解决问题的素养。

任务 5.1　认知自然语言处理及相关技术

在项目开发之前,需要对自然语言处理的概念、图灵测试以及自然语言处理技术的发展历史有所了解,下面分节进行介绍。

5.1.1 自然语言处理的概念

自然语言处理（Natural Language Processing，NLP）是一门融合了计算机科学、人工智能及语言学的交叉学科，它研究能实现人与计算机之间用自然语言进行有效通信的各种理论和方法。可以把自然语言处理拆分为自然语言和处理来分开理解。

自然语言是指汉语、英语、法语等人们日常使用的语言，是人类社会发展演变而来的语言，是人类学习生活的重要工具。概括说来，自然语言是指人类社会约定俗成的、区别于如程序设计语言的人工语言。在整个人类历史上，以语言文字形式记载和流传的知识占到知识总量的80%以上。编程语言也是语言的一种，相对而言，自然语言更难处理，自然语言和编程语言的区别如表5-1所示。

表5-1 自然语言与编程语言的区别

特点比较	区　　别
词汇量	自然语言中的词汇比编程语言中的关键词丰富，随时创造各种类型的新词
结构化	自然语言是非结构化的，而编程语言是结构化的
歧义性	自然语言含有大量歧义，而编程语言是确定的
容错性	自然语言的错误随处可见，而编程语言错误会导致编译不通过
易变性	自然语言变化相对复杂一些，而编程语言的变化要缓慢得多
简略性	自然语言往往简洁、干练，而编程语言就要明确定义

处理包含理解、转化、生成等过程。自然语言处理是指用计算机对自然语言的形、音、义等信息进行处理，即利用计算机实现对字、词、句、段、章、篇等的输出、识别、分析、理解和生成。实现人机间的信息交流，是人工智能、计算机科学和语言学所共同关注的重要问题。自然语言处理的具体表现形式包括机器翻译、文本摘要、文本分类、文本校对、信息抽取、语音合成、语音识别等。可以说，自然语言处理就是要计算机理解自然语言，自然语言处理机制涉及两个流程，包括自然语言理解（Natural Language Understanding，NLU）和自然语言生成（Natural Language Generation，NLG）。自然语言理解是指计算机能够理解自然语言文本的意义，自然语言生成则是指能以自然语言文本来表达给定的意图。

自然语言的理解是一个层次化的过程，许多语言学家把这一过程分为五个层次，可以更好地体现语言本身的构成，五个层次分别是语音分析、词法分析、句法分析、语义分析和语用分析，如图5-1所示。

图5-1 自然语言理解层次

- 语音分析：要根据音位规则，从语音流中区分出一个个独立的音素，再根据音位形态规则找出音节及其对应的词素或词。
- 词法分析：找出词汇的各个词素，从中获得语言学的信息。
- 句法分析：对句子和短语的结构进行分析，目的是要找出词、短语等的相互关系以及各自在句中的作用。
- 语义分析：找出词义、结构意义及其结合意义，从而确定语言表达的真正含义或概念。

- 语用分析：研究语言所存在的外界环境对语言使用者产生的影响。

5.1.2 图灵测试

在人工智能领域或者是语音信息处理领域中，学者们普遍认为采用图灵测试可以判断计算机是否理解了某种自然语言，具体的判别标准有以下几条。

图灵测试

- 问答：机器能正确回答输入文本中的有关问题。
- 文摘生成：机器有生成输入文本摘要的能力。
- 释义：机器能用不同的词语和句型来复述其输入的文本。
- 翻译：机器具有把一种语言翻译成另一种语言的能力。

图灵测试（又称"图灵判断"）是人工智能创始人之一艾伦·麦席森·图灵提出的一个关于机器人的著名判断原则。1950年，图灵提出了具有里程碑意义的问题"机器能思考吗？"，第一次提出"机器思维"的概念。**所谓图灵测试是一种测试机器是不是具备人类智能的方法**。在图灵测试中，一个人（评判者）通过键盘和显示屏与两个隐藏的对话者进行交流，其中一个对话者是人，另一个对话者是机器。如果评判者在交流过程中无法区分哪个是人，哪个是机器，那么这台机器就可以说通过了图灵测试，被认为具有人类水平的智能。

5.1.3 自然语言处理技术的发展

1. 1950—1970 年：基于规则的方法

1950 年，图灵提出了著名的"图灵测试"，这一般被认为是自然语言处理思想的开端，20世纪50—70年代自然语言处理主要采用基于规则的方法，研究人员认为自然语言处理的过程和人类学习认

自然语言处理技术的发展

知一门语言的过程是类似的，所以大量的研究人员基于这个观点来进行研究，这时的自然语言处理停留在理性主义思潮阶段，以基于规则的方法为代表。但是基于规则的方法具有不可避免的缺点，首先规则不可能覆盖所有语句，其次这种方法对开发者的要求极高，开发者不仅要精通计算机还要精通语言学，因此，这一阶段虽然解决了一些简单的问题，但是无法从根本上将自然语言理解实用化。

2. 1970—2008 年：基于统计的方法

20世纪70年代以后随着互联网的高速发展，丰富的语料库成为现实，硬件不断更新完善，自然语言处理思潮由经验主义向理性主义过渡，基于统计的方法逐渐代替了基于规则的方法。贾里尼克和他领导的 IBM 华生实验室是推动这一转变的关键，他们采用基于统计的方法，将当时的语音识别率从 70% 提升到 90%。在这一阶段，自然语言处理基于数学模型和统计的方法取得了实质性的突破，从实验室走向实际应用。

3. 2008—2019 年：基于深度学习技术的方法

从 2008 年到现在，在图像识别和语音识别领域成果的激励下，人们也逐渐开始引入深度学习来做自然语言处理研究，由最初的词向量到 2013 年的 word2vec，将深度学习与自然语言处理的结合推向了高潮，并在机器翻译、问答系统、阅读理解等领域取得了一定成功。深度学习是一个多层的神经网络，从输入层开始经过逐层非线性的变化得到输出。从输入到输出做端到端的训练，把输入到输出对的数据准备好，设计并训练一个神经网络，即可执行预想的任务。RNN 已经是自然语言处理最常用的方法之一，RNN、GRU、LSTM 等模型相继引发了一轮又一轮的热潮。

4. 2019 年至今：基于预训练语言大模型+微调技术

近年来，预训练语言大模型在自然语言处理领域有了重要进展。预训练大模型指的是首先在大规模无监督的语料上进行长时间的无监督或者是自监督的**预先训练（pre-training）**，获得通用的语言建模和表示能力。之后再应用到实际任务上时对模型不需要做大的改动，只需要在原有语言表示模型上增加针对特定任务获得输出结果的输出层，并使用任务语料对模型进行少许训练即可，这一步骤被称作**微调（fine tuning）**。

预训练语言模型技术的底层是 2018 年谷歌（Google）提出的 **Transformer 神经网络架构**。2019 年，谷歌进一步提出了 BERT（Bidirectional Encoder Representation from Transformer）预训练语言模型。其创新之处在于提出了有效的无监督预训练任务，从而使得模型能够从无标注语料中获得通用的语言建模能力。BERT 之后涌现了许多对其进行扩展的模型，包括跨语言预训练模型、跨模态预训练模型、融合知识图谱的模型等，产生了以 GPT 为代表的一系列应用。预训练模型在绝大多数自然语言处理任务上都展现出了远远超过传统模型的效果，受到越来越多的关注，是 NLP 领域近年来最大的突破之一，是自然语言处理领域的重要进展。

人工智能技术的发展并非继承式而是替代式，很多新方法和旧方法之间没有明显的关联性。因此本项目在讲解必要的 NLP 预处理方法后，主要讲解 Transformer 神经网络架构，对于其他时序网络结构，如 RNN 和 LTSM 等，读者可以自行查阅相关文献资料。下面以中英文翻译为例，讲解 Transformer 神经网络结构及其应用。

任务 5.2　构建中英文翻译数据集

中英文翻译需要建立两者之前的对应关系，常见的几种格式有：

① json 格式，类似如下：

构建中英文翻译数据集

{"english"：<english>，"chinese"：<chinese>}

例如：

{"english"："It's a beautiful day"，"chinese"："今天是个好日子"}

② csv 格式，中间以逗号分隔：

<english>,<chinese>

例如：

"It's a beautiful day"，"今天是个好日子"
"artificial intelligence"，"人工智能"

③ 空格字符分割格式，中间以空格或制表符分割：

<english> <chinese>

例如：

"It's a beautiful day" "今天是个好日子"

一般情况下，是在开源数据集上验证算法性能，并和其他人的工作成果进行比较，开源数据集拿到后，需要进行清洗和处理，才能适配算法，具体过程如下。

1）打开 https://www.manythings.org/anki/，下载其中的中英文翻译数据集，如图 5-2 所示。

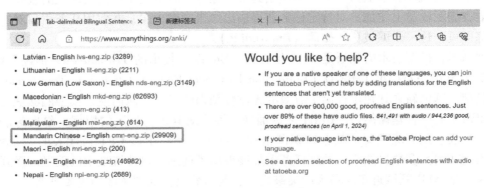

图 5-2　下载开源数据集

2）打开之前创建的"my-pytorch-deeplearning"项目。解压缩 cmn-eng.zip 文件，并复制到"my-pytorch-deeplearning"的 data 文件夹内，文件结构如图 5-3 所示。

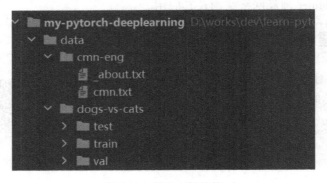

图 5-3　项目文件结构

3）打开 cmn.txt 文件，查看数据，其语句结构为"英文〈Tab〉中文〈Tab〉其他说明"：

> Be calm. 冷静点。CC-BY 2.0 (France) Attribution：tatoeba.org ...
> Be fair. 公平点。CC-BY 2.0 (France) Attribution：tatoeba.org ...
> Be kind. 友善点。CC-BY 2.0 (France) Attribution：tatoeba.org ...

需要做的工作是将中文、英文均数字化。即：

> Be calm. →['be', 'calm', '.']→查字典→[41, 1442, 4]
> 冷静点。→['冷静', '点',' 。']→查字典→[2584, 182, 4]

以上过程可以概括为：
① 根据文章构建词典，例如，根据 cmn.txt 构建所有词的中文词典和英文词典。
② 将句子转换为词组片段，该过程简称为分词，分词的格式有多种方法，基于空格的分

词方法、基于字母的分词方法、基于子词（subword）的分词方法等。子词的分词方法示例如下：

"unfortunately" = "un" + "for" + "tun" + "ate" + "ly"

③ 基于词典查找分词后的单词在词典中的索引序号。

④ 完成分词到索引序号的转换。

建立了英文和中文每个翻译语句对应的索引序列，就可以利用深度学习方法来完成神经模型设计及训练。

4）选择"dataset"目录，创建名为"cmn-eng.py"的Python程序，并导入如下库：

```
import os
import torch
from torch.utils.data import Dataset
from tqdm import tqdm
# hugging face 的分词器，GitHub 地址为 https://github.com/huggingface/tokenizers
# from tokenizers import Tokenizer
from torchtext.data import get_tokenizer
import jieba
# 用于构建词典
from torchtext.vocab import build_vocab_from_iterator
import zhconv
```

torchtext.data.get_tokenizer 的作用为将英文句子切分为词组，简称分词，例如：

```
print(get_tokenizer('basic_english')('How are you?'))
```

其输出为：

```
['how', 'are', 'you', '?']
```

jieba 库的作用为将中文句子切分为中文词组，简称中文分词，例如：

```
print(list(jieba.cut('今天你还好吗?')))
```

其输出为：

```
['今天', '你', '还好', '吗', '?']
```

因为数据库中存在"汤姆"和"湯姆"等多种中文繁体和简体混排的情况，因此统一利用 zhconv 库，都转换为中文简体，例如：

```
print(zhconv.convert("我會踢足球", 'zh-cn'))
```

其输出为：

```
我会踢足球
```

5）切换到 Windows 操作系统，打开命令行工具"Anaconda Prompt"，并输入如下指令，完成工具库的安装：

```
conda activate learn-pytorch
pip install torchtext
pip install jieba
pip install zhconv
```

 注意：

torchtext 的安装可能会导致 PyTorch CUDA 版本的卸载，在安装后，可以通过以下指令重新安装 PyTorch CUDA 版本。

```
pip uninstall torch
pip uninstall torchvision
pip uninstall torchaudio
pip install torch torchvision torchaudio --index-url https://download.pytorch.org/whl/cu118
```

6）切换回 PyCharm，在"dataset/cmn-eng.py"中创建名为 TranslationDataset 的类，在该类中完成创建中英文词典、分词和创建索引等任务，实现中英文翻译数据集的构建。

```python
class TranslationDataset(Dataset):

    def __init__(self, filepath, use_cache=True):
        pass

    def __getitem__(self, index):
        pass

    def __len__(self):
        pass

    # 加载 tokens，即将文本句子转换成 index 索引序号
    def load_tokens(self, file, tokenizer, vocab, desc, lang):
        pass

    # 定义一个获取文件行数的方法。
    def get_row_count(self, filepath):
        pass

    # 定义英文分词器
    def en_tokenizer(self, line):

        pass
    # 定义中文分词器
```

```python
def zh_tokenizer(self, line):

    # 定义英文词典
    def get_en_vocab(self, filepath):
        pass

    # 定义中文词典
    def get_zh_vocab(self, filepath):
        pass
```

7) 实现 TranslationDataset 类中 __init__ 初始化对应的代码。

```python
def __init__(self, filepath, use_cache=True):
    # 句子数量
    self.row_count = self.get_row_count(filepath)
    # 分词器
    self.tokenizer = get_tokenizer('basic_english')
    # 是否需要缓存
    self.use_cache = use_cache
    # 加载英文词典
    self.en_vocab = self.get_en_vocab(filepath)
    # 加载中文词典
    self.zh_vocab = self.get_zh_vocab(filepath)
    # 加载英文 tokens
    self.en_tokens = self.load_tokens(filepath, self.en_tokenizer, self.en_vocab, "构建英文 tokens", 'en')
    # 加载中文 tokens
    self.zh_tokens = self.load_tokens(filepath, self.zh_tokenizer, self.zh_vocab, "构建中文 tokens", 'zh')
```

8) 初始化函数中的 get_row_count 代码如下，主要用来获取中英文翻译语料中的文件行数。

```python
def get_row_count(self, filepath):
    count = 0
    for _ in open(filepath, encoding='utf-8'):
        count += 1
    return count
```

9) 补全创建 PyTorch 数据集所必需的 __getitem__ 和 __len__ 函数代码。

```python
def __getitem__(self, index):
    return self.en_tokens[index], self.zh_tokens[index]


def __len__(self):
    return self.row_count
```

10)实现 load_tokens 函数,主要是句子转换为如"[[6,8,93,12,..],[62,891,...],...]"的索引数组格式,其输入和输出参数见代码注释。

```python
def load_tokens(self, file, tokenizer, vocab, desc, lang):
    """
    加载 tokens,即将文本句子们转换成 index 们。
    :param file:文件路径,如"./dataset/train.en"
    :param tokenizer:分词器,如 en_tokenizer 函数
    :param vocab:词典,Vocab 类对象,如 en_vocab
    :param desc:用于进度显示的描述,如构建英文 tokens
    :param lang:语言,用于构造缓存文件时进行区分,如'en'
    :return:返回构造好的 tokens。如[[6,8,93,12,..],[62,891,...],...]
    """
    
    # 定义缓存文件存储路径
    dir_path = os.path.dirname(file)
    cache_file = dir_path + "/tokens_list.{}.pt".format(lang)
    # 如果使用缓存,且缓存文件存在,则直接加载
    if self.use_cache and os.path.exists(cache_file):
        print(f"正在加载缓存文件{cache_file},请稍候...")
        return torch.load(cache_file, map_location="cpu")
    
    # 从0开始构建,定义 tokens_list 用于存储结果
    tokens_list = []
    # 打开文件
    with open(file, encoding='utf-8') as file:
        # 逐行读取
        for line in tqdm(file, desc=desc, total=self.row_count):
            sentence = line.split("\t")
            # 进行分词
            if lang == 'en':
                tokens = tokenizer(sentence[0].casefold())
            else:
                tokens = tokenizer(sentence[1])
            # 将文本分词结果通过词典转成 index
            tokens = vocab(tokens)
            # append 到结果中
            tokens_list.append(tokens)
    # 保存缓存文件
    if self.use_cache:
        torch.save(tokens_list, cache_file)
```

11)实现英文分词器,例如,输入"I'm learning Deep learning.",其对应分词后的结果为"['i', "'", 'm', 'learning', 'deep', 'learning', '.']",分词方法不唯一,注释为另一种实现方法。

```python
def en_tokenizer(self, line):
    # 使用 bert 进行分词，并获取 tokens。add_special_tokens 是指不要在结果中增加'<bos>'和'<eos>'
    # 等特殊字符
    # return tokenizer.encode(line, add_special_tokens=False).tokens
    return self.tokenizer(line)
```

12）实现中文分词器，例如，输入"机器学习"，输出为"['机','器','学','习']"，同样的，中文的分词方法也不唯一。

```python
def zh_tokenizer(self, line):
    return list(jieba.cut(line))
    # return list(line.strip().replace(" ", ""))
```

13）完成英文词典的构建，注意这里采用了函数变量技术，用于节省内存。另外，在词典头部增加了占位符，其中"<s>"表示句子的开始，"</s>"表示句子的结束，"<pad>"表示填充字符，"<unk>"代表不常见或不在词典中的词。

```python
def get_en_vocab(self, filepath):
    def yield_en_tokens():
        """
        构造函数变量，完成分词后的英文句子调用，本方式可节省内存占用
        如果先分好词再构造词典，那么将会有大量文本驻留内存，造成内存溢出
        """
        file = open(filepath, encoding='utf-8')
        print("--------开始构建英文词典------------")
        for line in tqdm(file, desc="构建英文词典", total=self.row_count):
            sentence = line.split("\t")
            english = sentence[0]
            yield self.en_tokenizer(english)
        file.close()
    
    # 指定英文词典缓存文件路径
    dir_path = os.path.dirname(filepath)
    en_vocab_file = dir_path + "/vocab_en.pt"
    # 如果使用缓存，且缓存文件存在，则加载缓存文件
    if self.use_cache and os.path.exists(en_vocab_file):
        en_vocab = torch.load(en_vocab_file, map_location="cpu")
    # 否则就从 0 开始构造词典
    else:
        # 构造词典
        en_vocab = build_vocab_from_iterator(
            # 传入一个可迭代的 token 列表。如[['i', 'am', ...], ['machine', 'learning', ...], ...]
            yield_en_tokens(),
            # 最小频率为 2，即一个单词最少出现两次才会被收录到词典
```

```
                min_freq=2,
                # 在词典的最开始加上这些特殊 token
                specials=["<s>","</s>","<pad>","<unk>"],
            )
            # 设置词典的默认 index，后面文本转 index 时，如果找不到，就会用该 index 填充
            en_vocab.set_default_index(en_vocab["<unk>"])
            # 保存缓存文件
            if self.use_cache:
                torch.save(en_vocab, en_vocab_file)

        return en_vocab
```

14）完成中文词典的构建，其方法和构建英文词典相同。

```
    def get_zh_vocab(self, filepath):
        def yield_zh_tokens():
            file = open(filepath, encoding='utf-8')
            for line in tqdm(file, desc="构建中文词典", total=self.row_count):
                sentence = line.split("\t")
                chinese = zhconv.convert(sentence[1], 'zh-cn')
                yield self.zh_tokenizer(chinese)
            file.close()

        dir_path = os.path.dirname(filepath)
        zh_vocab_file = dir_path + "/vocab_zh.pt"
        if self.use_cache and os.path.exists(zh_vocab_file):
            zh_vocab = torch.load(zh_vocab_file, map_location="cpu")
        else:
            zh_vocab = build_vocab_from_iterator(
                yield_zh_tokens(),
                min_freq=1,
                specials=["<s>","</s>","<pad>","<unk>"],
            )
            zh_vocab.set_default_index(zh_vocab["<unk>"])
            torch.save(zh_vocab, zh_vocab_file)
        return zh_vocab
```

15）在"cmn-eng.py"底部添加入口程序，测试数据集类的功能。

```
if __name__ == '__main__':
    dataset = TranslationDataset("../data/cmn-eng/cmn.txt")
    print("句子数量为：", dataset.row_count) # 29668
    print(dataset.en_tokenizer("I'm a English tokenizer.")) #['i', "'", 'm', 'a', 'english', 'tokenizer', '.']
```

```
print("英文词典大小:", len(dataset.en_vocab))  # 4459
# 输出英文词典前10个索引
print(dict((i, dataset.en_vocab.lookup_token(i)) for i in range(10)))
print("中文词典大小:", len(dataset.zh_vocab))  # 12519
# 输出中文词典前10个索引
print(dict((i, dataset.zh_vocab.lookup_token(i)) for i in range(10)))
# 输出英文前10个句子对应的字典索引编号
print(dict((i, dataset.en_tokens[i]) for i in range(10)))
# 输出中文前10个句子对应的字典索引编号
print(dict((i, dataset.zh_tokens[i]) for i in range(10)))
print(dataset.en_vocab(['hello', 'tom']))        # 该词在词典中的索引[1706, 13]
print(dataset.zh_vocab(['你','好','汤','姆']))# 该词在词典中的索引[8, 38, 2380, 3]
```

> **说明：**
> 以上代码是在开发过程中为了测试函数输出是否正确而添加的，编写程序的同时编写测试用例，可以减少后续开发中的错误。

16）运行程序，验证输出结果，从执行结果可见，数据集一共29 668条数据，并已经转换为数字化索引。

```
D:\DevTools\anaconda\envs\learn-pytorch\python.exe
D:\works\dev\learn-pytorch\chp5\my-pytorch-deeplearning\dataset\cmn_eng.py
---------开始构建英文词典-----------
构建英文词典：100%|██████████| 29668/29668 [00:00<00:00, 185394.24it/s]
构建中文词典： 0%|          | 0/29668 [00:00<?, ? it/s]Building prefix dict from the default dictionary ...
Loading model from cache C:\Users\宋桂岭\AppData\Local\Temp\jieba.cache
Loading model cost 0.671 seconds.
Prefix dict has been built successfully.
构建中文词典：100%|██████████| 29668/29668 [00:01<00:00, 17298.16it/s]
构建英文tokens：100%|██████████| 29668/29668 [00:00<00:00, 162215.24it/s]
构建中文tokens：100%|██████████| 29668/29668 [00:01<00:00, 28505.80it/s]
句子数量为：29668
['i', "'", 'm', 'a', 'english', 'tokenizer', '.']
英文词典大小：4459
{0: '<s>', 1: '</s>', 2: '<pad>', 3: '<unk>', 4: '.', 5: "'", 6: 'i', 7: 'the', 8: 'you', 9: 'to'}
中文词典大小：12519
{0: '<s>', 1: '</s>', 2: '<pad>', 3: '<unk>', 4: '。', 5: '我', 6: '的', 7: '了', 8: '你', 9: '?'}
{0: [1471, 4], 1: [1471, 4], 2: [553, 4], 3: [255, 126], 4: [216, 126], 5: [216, 126], 6: [591, 4], 7: [1706, 126], 8: [6, 281, 4], 9: [6, 186, 126]}
{0: [2631, 4], 1: [1234, 4], 2: [8, 112, 336, 6, 4], 3: [4803, 72], 4: [2823, 72], 5: [131, 139, 72], 6: [105, 72], 7: [1234, 4], 8: [5, 808, 4], 9: [5, 403, 7, 4]}
[1706, 13]
[8, 38, 2380, 3]
```

词典中的"<s>"表示句子开始,"</s>"表示句子结束,"<pad>"用于补充句子空白,让句子根据最大长度对齐。假设句子长度为 10,则原始句子"Hello World"转化为:

['hello', 'world', '<pad>', '<pad>', '<pad>', '<pad>', '<pad>', '<pad>', '<pad>', '<pad>']

"<unk>"用于标识不常见的字符,索引序号为 3。

任务 5.3　搭建 Transformer 神经网络

Transformer 神经网络结构如图 5-4 所示。

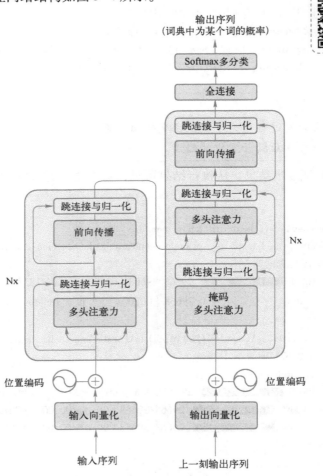

图 5-4　Transformer 神经网络结构

这里对该结构进行模块化抽象,如图 5-5 所示。

可以发现,Transformer 网络结构包括输入序列向量化、位置编码、编码器、解码器和输出序列化等几个组成部分。

5.3.1　输入序列向量化

输入序列为句子对应的数字索引序列,即"Be calm"对应的"[41,1442,4]"数组。

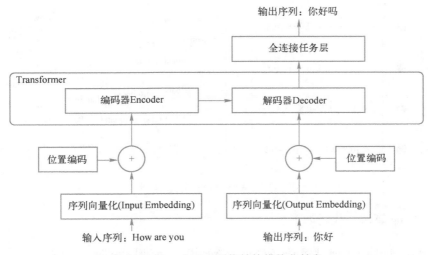

图 5-5 Transformer 网络结构模块化抽象

简单来说，使用数学模型处理文本语料的第一步就是把文本转换成数学表示，有两种方法。

（1）通过 One-Hot 矩阵表示一个单词

如前所述，One-Hot 矩阵是指每一行有且只有一个元素为 1、其他元素都是 0 的矩阵。针对字典中的每个单词，分配一个编号，对某句话进行编码时，将里面的每个单词转换成字典里面这个单词编号对应的位置为 1 的 One-Hot 矩阵就可以了。例如，要表达"the cat sat on the mat"，可以使用如图 5-6 所示的矩阵表示。

One-Hot 表示方式很直观，但是有两个缺点：①矩阵的每一维长度都是字典的长度，例如，字典包含 10000 个单词，那么每个单词对应的 One-Hot 向量就是 1×10000 的向量，而这个向量只有一个位置为 1，其余都是 0，浪费空间，不利于计算。②One-Hot 矩阵相当于简单地给每个单词编了个号，但是单词和单词之间的关系则完全体现不出来。例如，"cat"和"mouse"的关联性要高于"cat"和"cellphone"，这种关系在 One-Hot 表示法中就没有体现出来。

图 5-6 One-Hot 矩阵

（2）输入序列向量化（Word Embedding）

Word Embedding 解决 One-Hot 的两个缺点。Word Embedding 矩阵给每个单词分配一个固定长度的向量表示，这个长度可以自行设定，如 300，实际上会远远小于字典长度（如 10000）。而且两个单词向量之间的夹角值可以作为它们之间关系的一个衡量。如图 5-7 所示，其将单词转化为向量，并且可以表示词及词之间的关系。

通过简单的余弦函数，就可以计算两个单词之间的相关性，公式为

$$\text{similarity}(\text{queen}, \text{king}) = \cos(\theta) = \frac{\text{Vector}_{\text{queen}} \cdot \text{Vector}_{\text{king}}}{\|\text{Vector}_{\text{queen}}\|_2 \|\text{Vector}_{\text{king}}\|_2} \tag{5-1}$$

其中 $\text{Vector}_x = \text{Embedding}(x)$。

单词之间的关系也可以进行计算，例如：

Embedding(马德里)-Embedding(西班牙)+Embedding(法国)≈Embedding(巴黎)

隐含了马德里和巴黎均为首都的意义。

Word Embedding 节省空间和便于计算的特点，使得它广泛应用于 NLP 领域。PyTorch 完成

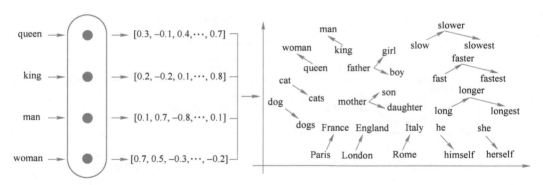

图 5-7 Word Embedding 模型

了 Word Embedding 算法，代码如下。

```
self.src_embedding = nn.Embedding(len(src_vocab), d_model, padding_idx=2)
```

其中第一个参数为字典长度，第二个参数为序列转为向量矩阵的维度，第三个参数指出填充索引，例如，自定义的"<pad>"，索引值为 2：

{0: '<s>', 1: '</s>', 2: '<pad>', 3: '<unk>',...}

padding_idx 标识了该位置的参数不参与神经网络梯度传播，即网络在训练时忽略该位置的参数更新。

5.3.2 位置编码

位置编码是一种将位置信息添加到序列数据的技术，特别用于 Transformer 等模型中。位置编码的目标是在序列数据的嵌入向量中引入位置信息。

在 Transformer 中，位置编码采用了一种特殊的编码方式，通常使用正弦和余弦函数来生成位置编码矩阵，使得每个单词在句子中的位置编号位于[-1,1]区间。位置编码矩阵的维度与词嵌入或字符嵌入的维度相同，但其中的每个元素都对应不同位置和不同维度的位置信息。

位置编码矩阵与输入的词嵌入或字符嵌入相加，以在模型的输入中保留位置信息。这样，在经过一系列的自注意力机制和前馈神经网络层后，模型能够更好地理解序列数据的上下文和顺序信息。

按照以下步骤完成位置编码的代码。

1）选择项目的"model"文件夹，创建名为"transformer.py"的 Python 文件。
2）添加库引用，代码如下。

```
import torch
import torch.nn as nn
import math
```

3）添加"PositionalEncoding"类，代码如下。

```
class PositionalEncoding(nn.Module):
    "位置编码."
```

```python
def __init__(self, d_model, dropout, device, max_len=5000):
    super(PositionalEncoding, self).__init__()
    self.dropout = nn.Dropout(p=dropout)

    # 初始化 Shape 为(max_len, d_model)的 PE (positional encoding)
    pe = torch.zeros(max_len, d_model).to(device)
    # 初始化一个 tensor [[0, 1, 2, 3, ...]]
    position = torch.arange(0, max_len).unsqueeze(1)
    # 这里就是 sin 和 cos 括号中的内容,通过 e 和 ln 进行了变换
    div_term = torch.exp(
        torch.arange(0, d_model, 2) * -(math.log(10000.0) / d_model)
    )
    # 计算 PE(pos, 2i)
    pe[:, 0::2] = torch.sin(position * div_term)
    # 计算 PE(pos, 2i+1)
    pe[:, 1::2] = torch.cos(position * div_term)
    # 为了方便计算,在最外面再利用 unsqueeze 函数添加 batch=1 的维度
    pe = pe.unsqueeze(0)
    # 如果一个参数不参与梯度下降,但又希望保存 model 的时候将其保存下来
    # 这个时候就可以用 register_buffer
    self.register_buffer("pe", pe)

def forward(self, x):
    """
    x 为 embedding 后的 inputs,如(1,7, 128),batch size 为 1,7 个单词,单词维度为 128
    """
    # 将 x 和 positional encoding 相加。
    x = x + self.pe[:, : x.size(1)].requires_grad_(False)
    return self.dropout(x)
```

可以发现,代码偶数序列为正弦函数,代码奇数序列为余弦函数,公式为

$$PE_t^{(i)} = \begin{cases} \sin(w_k t), & \text{if } i = 2k \\ \cos(w_k t), & \text{if } i = 2k+1 \end{cases} \tag{5-2}$$

式中,t 是这个 token 在序列中的实际位置(例如,第一个 token 为 1,第二个 token 为 2…),w_k 为

$$w_k = \frac{1}{10000^{\frac{2k}{d_{\text{model}}}}} \tag{5-3}$$

$i = 0, 1, 2, 3, \ldots, \frac{d_{\text{model}}}{2} - 1$

PE_t 是这个 token 的位置向量,$PE_t^{(i)}$ 表示这个位置向量里的第 i 个元素;d_{model} 是嵌入向量维度。

5.3.3 编码器、解码器和输出序列化

Transformer 中的编码器，可以理解为特征提取与压缩；解码器可以理解为根据特征理解与解压缩；输出序列化，是按照任务期望输出解压缩的内容。类似于电影《变形金刚》中汽车形态与人形态的相互变换，因此称为"Transformer"。

在 PyTorch 中提供了 nn.Transformer 函数，封装了这些变形细节，因此，只需要按照要求提供编码后的输入序列和已经发生的上一时刻的输出序列，nn.Transformer 会提供编码和解码的过程，再自己定义符合期望的输出序列化全连接层，就可以完成输入到输出的序列化，具体步骤如下。

1) 在"model/transformer.py"的 Python 文件中继续添加 TranslationModel 类，代码如下。

```python
class TranslationModel(nn.Module):

    def __init__(self, d_model, src_vocab, tgt_vocab, max_seq_length, device, dropout=0.1):

        super(TranslationModel, self).__init__()
        self.device = device

        # 定义原句子的 embedding
        self.src_embedding = nn.Embedding(len(src_vocab), d_model, padding_idx=2)
        # 定义目标句子的 embedding
        self.tgt_embedding = nn.Embedding(len(tgt_vocab), d_model, padding_idx=2)
        # 定义 posintional encoding
        self.positional_encoding = PositionalEncoding(d_model, dropout, device, max_len=max_seq_length)
        # 定义 Transformer
        self.transformer = nn.Transformer(d_model, dropout=dropout, batch_first=True)

        # 定义最后的预测层，这里并没有定义 Softmax，而是把他放在了模型外。
        self.predictor = nn.Linear(d_model, len(tgt_vocab))

    def forward(self, src, tgt):
        """
        进行前向传递，输出为 Decoder 的输出。注意，这里并没有使用 self.predictor 进行预测，因为训练和推理行为不太一样，所以放在了模型外面。
        :param src: 原 batch 后的句子，如[[0, 12, 34, .., 1, 2, 2, ...], ...]
        :param tgt: 目标 batch 后的句子，如[[0, 74, 56, .., 1, 2, 2, ...], ...]
        :return: Transformer 的输出，或者说是 TransformerDecoder 的输出。
        """

        """
        生成 tgt_mask，即阶梯形的 mask，例如：
        [[0., -inf, -inf, -inf, -inf],
```

```
            [0. , 0. , -inf, -inf, -inf],
            [0. , 0. , 0. , -inf, -inf],
            [0. , 0. , 0. , 0. , -inf],
            [0. , 0. , 0. , 0. , 0. ]]
        tgt.size()[-1]为目标句子的长度。
        """
        tgt_mask = nn.Transformer.generate_square_subsequent_mask(tgt.size()[-1]).to(self.device)
        # 掩盖住原句子中<pad>的部分,如[[False,False,False,...,True,True,...],...]
        src_key_padding_mask = TranslationModel.get_key_padding_mask(src)
        # 掩盖住目标句子中<pad>的部分
        tgt_key_padding_mask = TranslationModel.get_key_padding_mask(tgt)

        # 对 src 和 tgt 进行编码
        src = self.src_embedding(src)
        tgt = self.tgt_embedding(tgt)
        # 给 src 和 tgt 的 token 增加位置信息
        src = self.positional_encoding(src)
        tgt = self.positional_encoding(tgt)

        # 将准备好的数据送给 transformer
        out = self.transformer(src, tgt,
                               tgt_mask=tgt_mask,
                               src_key_padding_mask=src_key_padding_mask,
                               tgt_key_padding_mask=tgt_key_padding_mask)

        """
        这里直接返回 transformer 的结果。因为训练和推理时的行为不一样,所以在该模型外再进
行线性层的预测。
        """
        return out

    @staticmethod
    def get_key_padding_mask(tokens, pad_idx=2):
        """
        用于 key_padding_mask
        """
        return tokens == pad_idx
```

2)输入如下测试代码,验证结构正确性。

```
if __name__ == '__main__':

    device = torch.device('cuda:0' if torch.cuda.is_available() else 'cpu')
```

```python
from dataset.cmn_eng import TranslationDataset
dataset = TranslationDataset("../data/cmn-eng/cmn.txt")
model = TranslationModel(512, dataset.en_vocab, dataset.zh_vocab, 50, device)
model = model.to(device)

en = "hello world"
input = torch.tensor([0] + dataset.en_vocab(dataset.en_tokenizer(en)) + [1]).unsqueeze(0)
input = input.to(device)
zh = "你"
output = torch.tensor([0] + dataset.zh_vocab(dataset.zh_tokenizer(zh))).unsqueeze(0)
output = output.to(device)
result = model(input, output)
print(result)
predict = model.predictor(result[:, -1])
print(predict)
# 找出最大值的 index
y = torch.argmax(predict, dim=1).cpu().item()
print(dataset.zh_vocab.lookup_tokens([y]))
```

可以看到 Transformer 的输入包括输入序列、上一时空的输出序列，在 model(input, output) 后，调用 model.predictor(result[:, -1]) 得到实际预测的内容。

输入如下代码。

```
tensor([[[-1.2443, -0.4936, -0.8039, ..., -0.0466, -0.3630, 0.6926],
         [-0.8608,  1.4410, -0.5399, ...,  0.9190, -0.2266, 0.5329]]],
       device='cuda:0', grad_fn=<NativeLayerNormBackward0>)
tensor([[-0.1656, 0.0449, 0.5419, ..., -0.4747, -0.0698, 0.7233]],
       device='cuda:0', grad_fn=<AddmmBackward0>)
['鹿']
```

由于网络未经训练，给出的输出为随机值。读者可以利用"Debug"方式，通过端点调试，体会每一步的输出。

任务 5.4 训练 Transformer 网络

训练网络步骤如下。

1）在"my-pytorch-deeplearning"项目下创建名为"train_cmn_transformer.py"的 Python 文件，并添加库引用。

训练 Transformer 网络

```python
import os
import torch
import torch.nn as nn
from torch.utils.data import DataLoader
from dataset.cmn_eng import TranslationDataset
```

```
from torch.utils.tensorboard import SummaryWriter
from torch.nn.functional import pad, log_softmax
from tqdm import tqdm
from pathlib import Path
from model.transformer import TranslationModel
```

对于未安装的库,需要切换到"Anaconda Prompt"控制台,安装对应的库文件。

 注意:
别忘了输入"conda activate learn-pytorch"指令,切换到项目对应的Python环境内。

2)配置工作目录,代码如下。

```
# 工作目录,缓存文件和模型会放在该目录下
base_dir = "./train_process/transformer-cmn"
work_dir = Path(base_dir)
# 训练好的模型会放在该目录下
model_dir = Path(base_dir+"/transformer_checkpoints")

# 如果工作目录不存在,则创建一个
if not os.path.exists(work_dir):
    os.makedirs(work_dir)

# 日志记录
log_dir = base_dir + "/logs"
```

3)配置训练参数,代码如下。

```
# 上次运行到的地方,如果是第一次运行,为None,如果中途暂停了,下次运行时,指定目前最新
# 的模型即可
model_checkpoint = None # 'model_10000.pt'
# 定义 batch_size
batch_size = 256
# epochs 数量
epochs = 100
# 多少步保存一次模型,防止程序崩溃导致模型丢失
save_after_step = 5000
# 句子最大长度,可根据实际任务调整
max_seq_length = 42
# 训练数据
data_dir = "data/cmn-eng/cmn.txt"
# 定义训练设备
device = torch.device('cuda:0' if torch.cuda.is_available() else 'cpu')
```

4)配置数据集,代码如下。

```
# ===================== step 1/5 数据 =====================
def collate_fn(batch):
```

```
"""
将 dataset 的数据进一步处理，并组成一个 batch
:param batch:一个 batch 的数据，例如，
            [([6, 8, 93, 12, ..], [62, 891, ...]),
             ....
             ...]
:return:填充后的且等长的数据，包括 src, tgt, tgt_y, n_tokens
        其中 src 为原句子，即要被翻译的句子
        tgt 为目标句子：翻译后的句子，但不包含最后一个 token
        tgt_y 为 label：翻译后的句子，但不包含第一个 token，即<bos>
        n_tokens：tgt_y 中的 token 数，<pad>不计算在内。
"""

# 定义'<bos>'的 index，在词典中为 0，所以这里也是 0
bs_id = torch.tensor([0])
# 定义'<eos>'的 index
eos_id = torch.tensor([1])
# 定义<pad>的 index
pad_id = 2

# 用于存储处理后的 src 和 tgt
src_list, tgt_list = [], []

# 循环遍历句子对
for (_src, _tgt) in batch:
    """
    _src:英语句子，例如，`I love you`对应的 index
    _tgt:中文句子，例如，`我 爱 你`对应的 index
    """

    processed_src = torch.cat(
        # 将<bos>、句子 index 和<eos>拼到一起
        [
            bs_id,
            torch.tensor(
                _src,
                dtype=torch.int64,
            ),
            eos_id,
        ],
        0,
    )
    processed_tgt = torch.cat(
```

```python
            [
                bs_id,
                torch.tensor(
                    _tgt,
                    dtype=torch.int64,
                ),
                eos_id,
            ],
            0,
        )
        
        """
        将长度不足的句子填充到 max_padding 的长度,然后增添到 list 中
        
        pad:假设 processed_src 为[0, 1136, 2468, 1349, 1]
            第二个参数为:(0, 72-5)
            第三个参数为:2
        则 pad 的意思表示,给 processed_src 左边填充 0 个 2,右边填充 67 个 2。
        最终结果为:[0, 1136, 2468, 1349, 1, 2, 2, 2, ..., 2]
        """
        src_list.append(
            pad(
                processed_src,
                (0, max_seq_length - len(processed_src),),
                value=pad_id,
            )
        )
        tgt_list.append(
            pad(
                processed_tgt,
                (0, max_seq_length - len(processed_tgt),),
                value=pad_id,
            )
        )
    
    # 将多个 src 句子堆叠到一起
    src = torch.stack(src_list)
    tgt = torch.stack(tgt_list)
    
    # tgt_y 是目标句子删除第一个 token,即去掉<bos>
    tgt_y = tgt[:, 1:]
    # tgt 是目标句子删除最后一个 token
    tgt = tgt[:, :-1]
```

```python
        # 计算本次 batch 要预测的 token 数
        n_tokens = (tgt_y != 2).sum()

        # 返回 batch 后的结果
        return src, tgt, tgt_y, n_tokens


dataset = TranslationDataset(data_dir)
train_loader = DataLoader(dataset, batch_size=batch_size, shuffle=True, collate_fn=collate_fn)
src, tgt, tgt_y, n_tokens = next(iter(train_loader))
src, tgt, tgt_y = src.to(device), tgt.to(device), tgt_y.to(device)
print("src.size:", src.size())
print("tgt.size:", tgt.size())
print("tgt_y.size:", tgt_y.size())
print("n_tokens:", n_tokens)
```

和之前训练不同的是,这里为 DataLoader 增加了一个 collate_fn 函数,用于对齐输入矩阵。由于句子长短不一,因此,类似于卷积神经网络图像的 Resize,这里将输入句子也缩放到同一长度,超过预设长度的裁切掉,不足预设长度的,后面补 "<pad>" 元素,该值在词典中索引序号为 2。

5)加载模型,这里通过 model_checkpoint 预置机制,可以从终止的训练中恢复训练过程。

```python
# ===================== step 2/5 模型 =====================
if model_checkpoint:
    model = torch.load(model_dir / model_checkpoint)
else:
    model = TranslationModel(256, dataset.en_vocab,
                             dataset.zh_vocab,
                             max_seq_length,
                             device)

model = model.to(device)
```

6)设置损失函数,代码如下。

```python
# ===================== step 3/5 损失函数 =====================
class TranslationLoss(nn.Module):

    def __init__(self):
        super(TranslationLoss, self).__init__()
        # 使用 KLDivLoss。
        self.criterion = nn.KLDivLoss(reduction="sum")
```

```python
        self.padding_idx = 2

    def forward(self, x, target):
        """
        损失函数的前向传递
        :param x：将 Decoder 的输出再经过 predictor 线性层之后的输出
                  也就是 Linear 后、Softmax 前的状态
        :param target：tgt_y。也就是 label，如[[1, 34, 15,...],...]
        :return：loss
        """

        """
        由于 KLDivLoss 的 input 需要对 softmax 做 log，所以使用 log_softmax
        等价于 log(softmax(x))
        """
        x = log_softmax(x, dim=-1)

        """
        构造 Label 的分布，也就是将[[1, 34, 15,...]]转化为：
        [[[0, 1, 0, ..., 0],
          [0, ..., 1, ..,0],
          ...]],
        ...]
        """
        # 首先按照 x 的 Shape 构造出一个全是 0 的 Tensor
        true_dist = torch.zeros(x.size()).to(device)
        # 将对应 index 的部分填充为 1
        true_dist.scatter_(1, target.data.unsqueeze(1), 1)
        # 找出<pad>部分，对于<pad>标签，全部填充为 0，没有 1，避免其参与损失计算
        mask = torch.nonzero(target.data == self.padding_idx)
        if mask.dim() > 0:
            true_dist.index_fill_(0, mask.squeeze(), 0.0)

        # 计算损失
        return self.criterion(x, true_dist.clone().detach())
criteria = TranslationLoss()
```

这里采用了 KLDiv Loss，全称是 Kullback-Leibler divergence，它也叫作相对熵。它和交叉熵都是熵的计算，公式为

$$\text{loss}(p,x) = -\sum x\log(p) - \left(-\sum x\log(x)\right) \tag{5-4}$$

从式中可以看到相对熵就是交叉熵减去 $\left(-\sum x\log(x)\right)$（信息熵）。

7）配置迭代优化器，代码如下。

```
# ===================== step 4/5 优化器 =====================
optimizer = torch.optim.Adam(model.parameters(), lr=3e-4)
```

Adam 优化器的主要功能是根据梯度信息来更新神经网络参数，从而最小化损失函数。具体来说，它的主要功能如下。

- 自适应调整学习率：Adam 优化器可以根据历史梯度信息来自适应地调节学习率，使得在训练初期使用较大的学习率，能够快速收敛，在训练后期使用较小的学习率，能够更加准确地找到损失函数的最小值。
- 调整动量：Adam 优化器能够调整动量参数，以平衡上一次梯度和当前梯度对参数更新的影响，从而避免过早陷入局部极小值。
- 归一化处理：Adam 优化器对参数的更新进行了归一化处理，使得每个参数的更新都有一个相似的量级，从而提高训练效果。
- 防止过拟合：Adam 优化器结合了 L2 正则化的思想，在更新时对参数进行正则化，从而防止神经网络过度拟合训练数据。

总体来说，Adam 优化器能够快速、准确地最小化损失函数，提高深度神经网络的训练效果和泛化能力。

8）训练网络，代码如下。

```
# ===================== step 5/5 训练 =====================
writer = SummaryWriter(log_dir)

def train():
    torch.cuda.empty_cache()

    step = 0

    if model_checkpoint:
        step = int('model_10000.pt'.replace("model_", "").replace(".pt", ""))

    model.train()
    pre = 10000
    for epoch in range(epochs):
        loop = tqdm(enumerate(train_loader), total=len(train_loader))
        for index, data in enumerate(train_loader):
            # 生成数据
            src, tgt, tgt_y, n_tokens = data
            src, tgt, tgt_y = src.to(device), tgt.to(device), tgt_y.to(device)

            # 清空梯度
            optimizer.zero_grad()
            # 进行 transformer 的计算
            out = model(src, tgt)
            # 将结果送给最后的线性层进行预测
```

```python
            out = model.predictor(out)

            """
            计算损失。由于训练时我们是对所有的输出都进行预测,所以需要对 out 进行
reshape。我们的 out 的 Shape 为(batch_size,词数,词典大小),view 之后变为:
                (batch_size×词数,词典大小)。
            而在这些预测结果中,我们只需要对非<pad>部分进行,所以需要进行正则化。也
就是除以 n_tokens。
            """
            loss = criteria(out.contiguous().view(-1, out.size(-1)),
                            tgt_y.contiguous().view(-1)) / n_tokens
            # 计算梯度
            loss.backward()
            # 更新参数
            optimizer.step()

            writer.add_scalar(tag="loss",    # 可以理解为图像的名字
                            scalar_value=loss.item(),    # 纵坐标的值
                            global_step=step # 当前是第几次迭代,可理解为横坐标值
                            )

            loop.set_description("Epoch {}/{}".format(epoch, epochs))
            loop.set_postfix(loss=loss.item())
            loop.update(1)

            step += 1

            del src
            del tgt
            del tgt_y

            if step != 0 and step % save_after_step == 0:
                torch.save(model, model_dir / f"model_{step}.pt")
            if loss.item() < pre:
                torch.save(model, model_dir / f'best.pt')
                pre = loss.item()

if __name__ == '__main__':
    train()
```

9)运行程序,可以通过在"train_process/transformer-cmn"目录下运行"tensorboard --logdir logs"命令来启动 tensorboard,并在浏览器内输入 localhost:6006 来查看,如图 5-8 所示,相对于项目 4,可以实时检测训练过程,而不是等程序运行结束后才能看到结果。

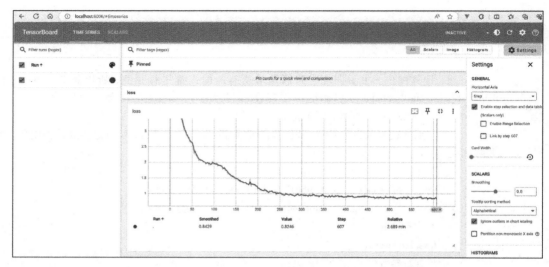

图 5-8 利用 TensorBoard 观测运行过程损失函数变化界面

任务 5.5 完成文本翻译推理

完成文本翻译推理

创建 "inference_cmn_transformer.py" 的 Python 文件，输入如下代码。

```python
import torch
from pathlib import Path
from dataset.cmn_eng import TranslationDataset

# 工作目录，缓存文件和模型会放在该目录下
base_dir = "./train_process/transformer-cmn"
work_dir = Path(base_dir)
# 训练好的模型会放在该目录下
model_dir = Path(base_dir+"/transformer_checkpoints")
# 定义训练设备
device = torch.device('cuda:0' if torch.cuda.is_available() else 'cpu')
# 训练数据
data_dir = "data/cmn-eng/cmn.txt"

dataset = TranslationDataset(data_dir)

# 句子最大长度，可根据实际任务调整
max_seq_length = 42
def translate(src: str):
    """
            :param src: 英文句子，如 "I like machine learning."
            :return: 翻译后的句子，如 "我喜欢机器学习"
    """
```

```python
model = torch.load(model_dir / f'model_10000.pt')
model.to(device)
model = model.eval()


# 将原句子分词后,通过词典转为 index,然后增加<bos>和<eos>
src = torch.tensor([0] + dataset.en_vocab(dataset.en_tokenizer(src)) + [1]).unsqueeze(0).to(device)
# 首次 tgt 为<bos>
tgt = torch.tensor([[0]]).to(device)
# 一个一个词预测,直到预测为<eos>,或者达到句子最大长度
for i in range(max_seq_length):
    # 进行 transformer 计算
    out = model(src, tgt)
    # 预测结果,因为只需要看最后一个词,所以取`out[:, -1]`
    predict = model.predictor(out[:, -1])
    # 找出最大值的 index
    y = torch.argmax(predict, dim=1)
    # 和之前的预测结果拼接到一起
    tgt = torch.concat([tgt, y.unsqueeze(0)], dim=1)
    # 如果为<eos>,说明预测结束,跳出循环
    if y == 1:
        break
# 将预测 tokens 拼起来
tgt = ''.join(dataset.zh_vocab.lookup_tokens(tgt.squeeze().tolist())).replace("<s>", "").replace("</s>", "")
return tgt

print(translate("The train will probably arrive at the station before noon."))
print(translate("I like apple."))
```

运行程序,程序输出为:

火车大概会在中午前到站。
我喜欢苹果。

这里需要注意的是,每次迭代中,每隔 5000 步保存了一次模型,并根据损失函数最小保存了"best.pt"模型,实际应用中,损失函数最小未必拟合分布,也可能出现过拟合,可以多测试几个保存的模型,选取最优模型。

另外,这里的词典表非常小,超出词典范围的单词,模型无法翻译,这进一步验证了深度学习是数据驱动的,而非基于符号的推理。对于数据未达的部分,深度学习能力有限,但是对于已知数据,深度学习可以很好发现数据内部的规律和特征,给出基于定义域内的相对最优解。

任务 5.6　理解 Transformer 网络模型

以上虽然通过编程完成了 Transformer 模型的应用，为了能够将模型推广应用到更多的项目，还需要对 Transformer 网络结构进行更深入的理解。本任务从 Transformer 模型结构、输入和输出、推理过程、训练过程、构造参数和 forward 参数做全方位讲解。

理解 Transformer 网络模型

5.6.1　Transformer 模型结构

Transformer 是一个相对复杂的模型，可以在会用的基础上再去理解其原理。本任务将 Transformer 看作一个黑盒，如图 5-9 所示，主要是应用了 PyTorch 中 nn.Transformer 的模块。

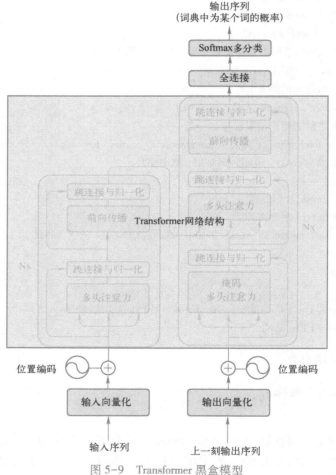

图 5-9　Transformer 黑盒模型

PyTorch 实现的 nn.Transformer 模块为图 5-9 中 Transformer 覆盖部分，其他如向量化（Embedding）、位置编码（Positional Encoding）以及最后的全连接和分类输出（Linear + Softmax）模块，需要开发者根据项目需求自行实现，这几部分的作用总结如下。

1. Embedding

Embedding 负责将 token 映射成高维向量。例如，将 123 映射成[0.34,0.45,0.123,…,0.33]。

通常使用 nn.Embedding 来实现。但 nn.Embedding 的参数并不是一成不变的，也是会参与梯度下降。关于 nn.Embedding 可参考 Python 文档或相关文章，进一步查看 Pytorch nn.Embedding 的基本使用。

2. Positional Encoding

Positional Encoding 即位置编码，为 token 编码增加位置信息，例如，I like apple. 这三个 token Embedding 后的向量并不包含其位置信息（like 左边是 I，右边是 apple 这个信息），需要和位置编码结果进行相加。位置信息对于输出结果的影响巨大，可以自行进行实验，取消 Positional Encoding 模块，比较训练结果。

3. Linear+Softmax

Linear+Softmax 为一个线性层加一个 Softmax，对 nn.Transformer 输出的结果进行 token 预测。如果把 Transformer 比作 CNN，那么 nn.Transformer 实现的就是卷积层，而 Linear+Softmax 就是卷积层后面的线性层。

5.6.2 Transformer 的输入和输出

Transformer 的输入和输出如图 5-10 所示，其输入包括序列 token，以及上一时刻的输出，其输出为当前时刻的输出。

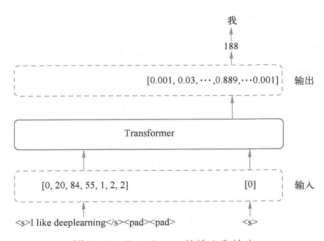

图 5-10 Transformer 的输入和输出

以文本翻译项目为例。

输入 1：原句子对应的 tokens，且是完整句子。一般 0 表示句子开始（<s>），1 表示句子结束（</s>），2 为填充（<pad>）。填充的目的是让不同长度的句子变为同一个长度，这样才可以组成一个 batch。在代码中，该变量一般取名 src。

输入 2：输出（shifted right），上一个阶段的输出。虽然名字叫 outputs，但是它是输入。最开始为 0（<bos>），然后本次预测出"我"后，下次调用 Transformer 的该输入就变成"<s>我"。在代码中，该变量一般取名 tgt。

输出：当前阶段的输出。这里为经过全连接 nn.Linear 后的输出。输出长度为中文词典长度，输出值为词典中某个取值的概率分布。这里取最大概率位置的索引作为输出。

5.6.3 Transformer 的推理过程

Transformer 的推理过程，类似于图 5-10，一遍遍调用 Transformer，直到输出 </s> 或达到句子最大长度为止，如图 5-11 所示。

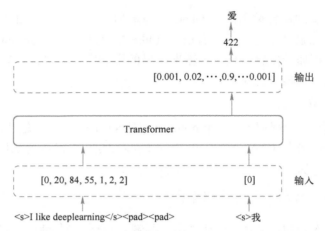

图 5-11 第一次输出序列为 "<s>"，第二次序列为 "<s>我"，对应输出为 "爱"

5.6.4 Transformer 的训练过程

在 Transformer 推理时，是一个词一个词地输出，但在训练时这样做效率太低了，所以会将 target 一次性给到 Transformer，如图 5-12 所示。

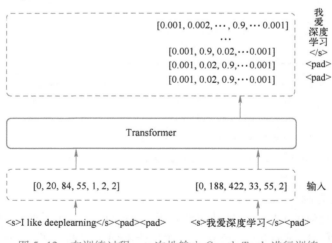

图 5-12 在训练过程，一次性输入 Grouth Truth 进行训练

从图 5-12 可以看出，Transformer 的训练过程和推理过程主要有以下几点异同。
- 源输入 src 相同：Transformer 的 inputs 部分（src 参数）一样，都是要被翻译的句子。
- 目标输入 tgt 不同：在 Transformer 推理时，tgt 是从 <s> 开始，然后每次加入上一次的输出（第二次输入为<s> 我）。但在训练时是一次将 "完整" 的结果给到 Transformer，这样和一个一个序列化进行输入结果上是一致的。这里还有一个细节，就是 tgt 比 src 少了一位，这是因为在最后一次推理时，只会传入前 $n-1$ 个 token。例如，假设要预测 "<s>我爱深度学习</s>"（这里忽略 pad），最后一次的输入 tgt 是"<s>我爱深度学习"，没有"</s>"，因此输入 tgt 一定不会出现目标的最后一个 token，所以一般 tgt 处理时会删掉目标句子最后一个 token。
- 输出数量变多：在训练时，Transformer 会一次输出多个概率分布。如图 5-12 所示，"我"等价于 tgt 为<bos>时的输出，"爱"等价于 tgt 为"<bos> 我"时的输出，依次类推。在训练时，得到输出概率分布后就可以计算损失函数值了，并不需要将概率分布转成对应的文字，图中给出的中文输出为了便于解释。注意，输出少了"<s>"，因为"<s>"不需要预测。计算 loss 时，忽略了"<s>、<pad>"等。

5.6.5 nn. Transformer 的构造参数

Transformer 构造参数众多，其层次组成如图 5-13 所示。

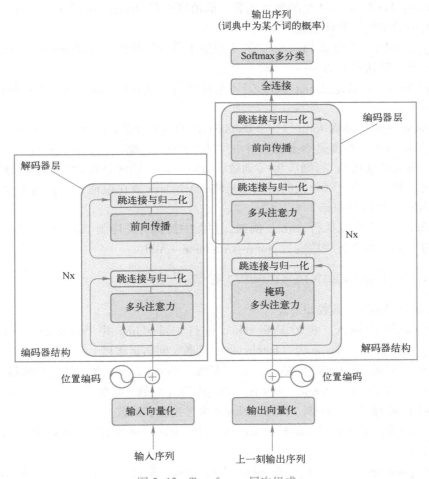

图 5-13 Transformer 层次组成

PyTorch 提供的 nn. Transformer 主要由两部分构成：nn. TransformerEncoder 和 nn. TransformerDecoder。而 nn. TransformerEncoder 又是由多个 nn. TransformerEncoderLayer 堆叠而成的，图 5-13 中的 N×表示"N 乘以"的意思，意味着需要堆叠多少层。nn. TransformerDecoder 同理。

下面是 nn. Transformer 的构造参数列表。

- d_model：Encoder 和 Decoder 输入参数的特征维度，也就是词向量的维度。默认值为 512。
- nhead：多头注意力机制中，head 的数量。注意，该值并不影响网络的深度和参数数量。默认值为 8。
- num_encoder_layers：TransformerEncoderLayer 的数量，该值越大，网络越深，网络参数量越多，计算量越大。默认值为 6。
- num_decoder_layers：TransformerDecoderLayer 的数量，该值越大，网络越深，网络参数量越多，计算量越大。默认值为 6。
- dim_feedforward：Feed Forward 层（Attention 后面的全连接网络）的隐藏层的神经元数量。该值越大，网络参数量越多，计算量越大。默认值为 2048。
- dropout：在训练阶段每个神经元被舍弃的概率（drop rate）。默认值为 0.1。
- activation：Feed Forward 层的激活函数，取值可以是 string（"relu" or "gelu"）或者一个一元可调用的函数。默认值是 relu。
- custom_encoder：自定义 Encoder。若不想使用官方实现的 TransformerEncoder，可以自己实现一个。默认值为 None。
- custom_decoder：自定义 Decoder。若不想使用官方实现的 TransformerDecoder，可以自己实现一个。
- layer_norm_eps：Add&Norm 层中，BatchNorm 的 eps 参数值。默认为 1e-5。
- batch_first：batch 维度是否是第一个。如果为 True，则输入的 shape 应为（batch_size，词数，词向量维度），否则应为（词数，batch_size，词向量维度）。默认为 False。这个要特别注意，因为大部分人的习惯都是将 batch_size 放在最前面，而这个参数的默认值又是 False，所以会报错。
- norm_first：是否要先执行 norm。例如，在图中的执行顺序为 Attention→Add→Norm。若该值为 True，则执行顺序变为 Norm→Attention→Add。

5.6.6　nn. Transformer 的 forward 参数

Transformer 的 forward 参数如下。
- src：Encoder 的输入。也就是将 token 进行 Embedding 并 Positional Encoding 之后的 tensor。必填参数。Shape 为（batch_size，词数，词向量维度）。
- tgt：与 src 同理，Decoder 的输入。必填参数。Shape 为（词数，词向量维度）。
- src_mask：对 src 进行 mask。不常用。Shape 为（词数，词数）。
- tgt_mask：对 tgt 进行 mask。常用。Shape 为（词数，词数）。
- memory_mask：对 Encoder 的输出 memory 进行 mask。不常用。Shape 为（batch_size，词数，词数）。
- src_key_padding_mask：对 src 的 token 进行 mask。常用。Shape 为（batch_size，词数）。
- tgt_key_padding_mask：对 tgt 的 token 进行 mask。常用。Shape 为（batch_size，词数）。
- memory_key_padding_mask：对 tgt 的 token 进行 mask。不常用。Shape 为（batch_size，词数）。

1. src 和 tgt

src 参数和 tgt 参数分别为 Encoder 和 Decoder 的输入参数。它们是对 token 进行编码后，再经过 Positional Encoding 之后的结果。

例如，一开始的输入为[[0,3,4,5,6,7,8,1,2,2]]，Shape 为(1,10)，表示 batch_size 为 1，每句 10 个词。

在经过 Embedding 后，Shape 就变成了(1,10,128)，表示 batch_size 为 1，每句 10 个词，每个词被编码为了 128 维的向量。

src 就是这个(1,10,128)的向量。tgt 同理。

2. src_mask、tgt_mask 和 memory_mask

Transformer 通过注意力机制（Attention）让每个词具有上下文关系，也就是每个词除了自己的信息外，还包含其他词的信息。例如，"苹果 很 好吃"和"苹果 手机 很 好玩"，这两个苹果显然指的不是同一个意思。但让苹果这个词具备了后面"好吃"或"手机"这两个词的信息后，那就可以区分这两个苹果的含义了。

在 Attention 注意力机制中，通过方阵描述词与词之间的关系，例如：

```
        苹果  很   好吃
苹果 [[0.5, 0.1, 0.4],
很    [0.1, 0.8, 0.1],
好吃  [0.3, 0.1, 0.6],]
```

在上述矩阵中，苹果这个词与自身、"很"和"好吃"三个词的关系权重就是 [0.5, 0.1, 0.4]，通过该矩阵，就可以得到包含上下文的苹果了，即

$$\widehat{苹果} = 苹果 \times 0.5 + 很 \times 0.1 + 好吃 \times 0.4 \tag{5-5}$$

但在实际推理时，词是一个一个输出的。若"苹果很好吃"是输出结果 tgt 的话，那么在输出第一个词"苹果"时，不应该包含"很"和"好吃"的上下文信息，因此"苹果"的输出公式应为

$$\widehat{苹果} = 苹果 \times 0.5 \tag{5-6}$$

在输出第二次"很"时，"很"字可以包含苹果的上下信息，但不能包含"好吃"，所以"很"对应的输出公式为

$$\widehat{很} = 苹果 \times 0.1 + 很 \times 0.8 \tag{5-7}$$

因此，需要将输出描述方阵修改为：

```
        苹果  很   好吃
苹果 [[0.5, 0,   0],
很    [0.1, 0.8, 0],
好吃  [0.3, 0.1, 0.6],]
```

Transformer 中，采用了掩码矩阵的方法来达到以上目标：

```
        苹果   很    好吃
苹果 [[ 0,   -inf, -inf],
很    [ 0,    0,   -inf],
好吃  [ 0,    0,    0]]
```

其中 0 表示不遮掩，而-inf 表示遮掩。之所以这样定义，是因为这个方阵还要过 Softmax 激活函数，从而使-inf 变为 0。

在 PyTorch 中，提供了 nn.Transformer.generate_square_subsequent_mask 矩阵生成函数来完成以上任务，例如：

nn.Transformer.generate_square_subsequent_mask(5)   # 这个 5 指的是 tgt 的 token 的数量

输出为：

tensor([[0., -inf, -inf, -inf, -inf],
        [0., 0., -inf, -inf, -inf],
        [0., 0., 0., -inf, -inf],
        [0., 0., 0., 0., -inf],
        [0., 0., 0., 0., 0.]])

src 和 memory 一般是不需要进行 mask 的，所以不常用。

3. key_padding_mask

在 src 和 tgt 语句中，除了本身的词外，还包含了三种 token：<s>、</s>和<pad>。这里面的<pad>只是为了改变句子长度，将不同长度的句子组成 batch 而进行填充的。该 token 没有任何意义，所以在计算注意力 Attention 时需要利用 mask 机制进行屏蔽。PyTorch 提供了 key_padding_mask 参数来完成任务。

例如，src 为[[0,3,4,5,6,7,8,1,2,2]]，其中 2 是<pad>，所以 src_key_padding_mask 就应为[[0,0,0,0,0,0,0,0,-inf,-inf]]，即将最后两个 2 掩盖住。tgt_key_padding_mask 同理。一般 memory_key_padding_mask 较少使用。

习题

1）简述自然语言处理的概念。

2）什么是图灵测试？

3）什么是分词？有哪几种分词方法？

4）修改程序代码，尝试不同的中英文分词方法，是否引入位置编码，对训练结果有什么影响？

5）阅读相关文献，了解 Transformer 的注意力机制。

项目 6　食品加工人员异常行为检测

项目背景

本项目主要应用成熟的深度学习算法框架来进行实际开发。本项目来自编者负责实施的食品安全异常行为监管系统，该系统已在全国多地上线运行，同时算法不断进行工程化改进，为了利于教学，这里进行了简化。本项目从数据采集开始，介绍了主流深度学习技术和第三方成熟算法框架的工程化应用，主要介绍基于深度学习技术的主要目标检测算法 YOLO（You Only Look Once）。和之前编写神经网络代码相比，YOLO 封装的接口应用简单、易于理解，可以从工程化角度体会成熟算法框架的作用和意义，从而具备目标检测项目的实战能力。

项目背景

知识目标：
- 理解目标检测的基本概念，包括其技术背景和应用场景。
- 学习数据标注的方法和技巧，包括如何准确地识别和标记目标。
- 掌握目标检测算法的开发流程，从数据准备到模型训练再到部署的整个过程。
- 熟悉 YOLO 目标检测算法的基本原理和关键特性。

能力目标：
- 能够熟练使用数据标注软件，进行有效的数据预处理工作。
- 具备独立下载、安装和使用不同版本的 YOLO 目标检测算法框架的能力。
- 学会使用 YOLO 算法进行目标检测，并能够针对具体场景调整参数以优化性能。

素养目标：
- 实战能力：能够将理论知识应用于实际项目，具备解决实际问题的能力。
- 自主学习能力：具备独立下载、安装和使用相关软件和框架的能力，能够自主学习新技术。
- 团队合作：在项目开发过程中，能够与他人有效沟通和协作，完成团队任务。
- 创新思维：在项目开发中能够运用创新思维，探索新的解决方案。
- 社会责任感：在开发与食品安全相关的系统时，学生需要充分认识到其对社会和公众的影响，培养良好的社会责任感。

任务 6.1　理解目标检测需求

在前几个项目中，讲述了神经网络的基础原理和一些典型的网络结构。在实际项目上，需要的网络结构更为复杂，针对这些任务，从头构建网络模型耗时耗力，一般情况下，会应用第三方库来实现具体任务。

理解目标检测需求

本项目以一个具体的目标检测需求为例，介绍如何应用第三方开源算法来完成某个具体任务的实现。人工智能技术发展速度日新月异，版本更新迭代迅速，因此，应更关注整个项目的实现过程，对于开源算法本身，主要掌握如何配置及应用到项目上的开发流程。

目标检测是指获取图形中某个兴趣物体的位置和类别，如图 6-1 所示。目标检测包含两层含义。

1) 判定图像上有哪些目标物体，解决目标物体存在性的问题。
2) 判定图像中目标物体的具体位置，解决目标物体在哪里的问题。

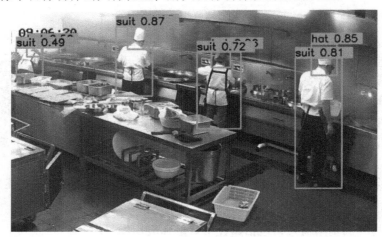

图 6-1 目标检测示意

本项目采用的目标检测开源算法为 YOLO，由约瑟夫·雷德蒙与 2015 在"You Only Look Once：Unified，Real-Time Object Detection"论文（简称 YOLO）中提出，YOLO 经过多年的发展，版本更迭异常活跃。这里以 YOLOV8 为例，来完成食品加工人员异常行为检测的项目。YOLOV8 模型较大，其文档位于 https://docs.ultralytics.com/。OpenMMLab 总结了 YOLOV8 的网络结构图，其地址为 https://github.com/open-mmlab/mmyolo/tree/main/configs/yolov8，该图尺寸较大，同时也保存在本书前言所述的参考资料地址中，读者可自行下载。

民以食为天，无论时代如何发展，食品安全都是国家和人民高度关注的重点。我们可以通过对接食品加工车间监控摄像头，获取监控视频，使用 YOLO 算法，对画面中的食品生产加工工作人员的不戴工作帽、口罩、手套，抽烟等违规行为进行检测，并实时上传异常违规行为信息到监管平台，为之后的相关处罚提供真实可靠的依据。

为降低学习工作量，这里以是否戴工作帽为例进行讲解，包括数据集的标注、训练、检测和验证算法可靠性等环节，同样的方法可以应用到不同的检测任务上。

任务 6.2　数据采集及标注

目标检测作为监督学习任务，需要人工实现标注，真实项目一般需要自行采集数据，下面讲解数据采集、标注及符合 YOLO 要求的数据集构建的方法。

数据采集及标注

6.2.1　数据采集

本项目整理好的数据集可从本书配套资源中获取，以下为整理数据集的过程。

在实际项目中，通过收集监控摄像头的实际数据、引入开源数据集等方法完成数据的采集，如图 6-2 所示。

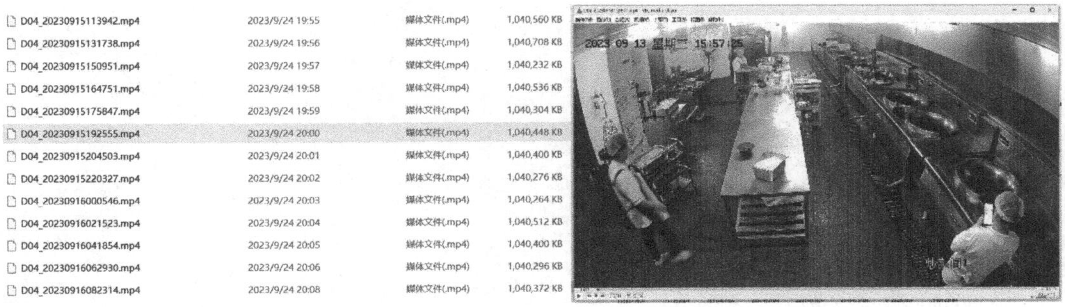

图 6-2　原始监控数据及其对应的监控画面

得到原始视频后，需要将视频转换为图像进行保存，一般采用 OpenCV 进行该操作，对应程序代码如下。

```python
import cv2
import os

def video2img(video_path, img_path, img_format='jpg'):
    '''
    视频提取图片
    '''
    if not os.path.exists(video_path):
        print("文件不存在:", video_path)
        return
    video_file_name = os.path.basename(video_path)
    folder_name = os.path.join(img_path, video_file_name.split('.')[0])
    # 创建输出文件夹
    try:
        os.makedirs(folder_name, exist_ok=True)
    except Exception as e:
        print("文件夹创建失败:", folder_name, e)
    vc = cv2.VideoCapture(videoPath)
    count = 0
    rval = vc.isOpened()
    while rval:
        rval, frame = vc.read()
        if not rval:
            break
        pic_path = folder_name + "/" + str(count) + "." + img_format

        # 这里将所有的帧都导出了，如果文件比较大的情况下会比较多，这里可以根据自己的
        # 需求做一些限制
```

```
        cv2.imwrite(pic_path, frame)
        count += 1

    vc.release()
    print(videoPath, "读取完成")


# 视频路径，这里使用的是相对路径
filePath = "./mp4"
# 导出图片路径
pngFolder = "./jpg"
fileList = os.listdir(filePath)
for fileName in fileList:
    videoPath = os.path.join(filePath, fileName)
    video2img(videoPath, pngFolder, 'jpg')
```

此外，可以通过网络收集的方式，获取原始数据，例如，通过百度飞桨提供的公开数据集来扩充数据，网址为 https://aistudio.baidu.com/datasetoverview。基于检测是否佩戴工作帽的任务，由于在视频中收集的素材一般均带有帽子，还需要未戴工作帽的数据来强化数据集。因此通过输入"头部"或者"行人"等关键字，来获得更多的数据，如图6-3所示。

图 6-3　通过百度飞桨公开数据集进行数据的补充界面

6.2.2　数据标注

完成数据采集后，将得到的原始图像数据保存在同一个文件夹中，即可进行数据的标注工作。常见的数据标注工具有 LabelMe、LabelImg、Label Anything、Pixel Annotation Tool、VATIC、CVAT 等。通过 LabelMe 完成图像标注，具体步骤如下。

1）安装 LabelMe：打开"Anaconda Prompt"控制台，输入如下指令，完成 LabelMe 的安装。

```
conda activate learn-pytorch
pip install labelme
```

2）打开 LabelMe：安装完成后，在控制台输入"labelme"指令，会弹出一个名为"labelme"的窗口，如图 6-4 所示。

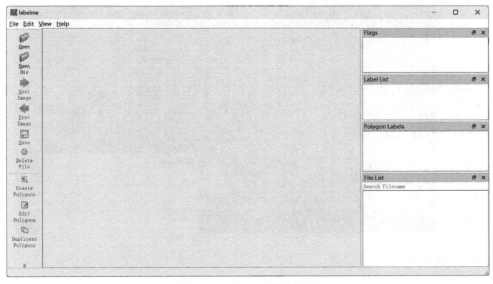

图 6-4　LabelMe 软件界面

3）打开要标注的图像：在 LabelMe 软件中，单击左侧工具栏的"Open Dir"图标来打开要标注的图像文件夹。

4）标注图像：在打开的图像上，右击鼠标，在弹出菜单中选择"Create Rectangle"菜单项，然后按住鼠标左键开始从左上到右下框选兴趣目标，完成后松开鼠标左键，在弹出的对话框中输入标注内容名称，例如，输入"hat"或者"nohat"，如图 6-5 和图 6-6 所示，标注所有的感兴趣目标。

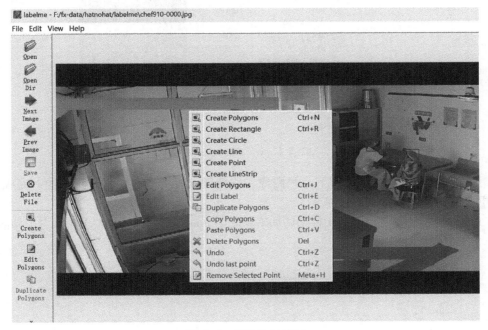

图 6-5　标注选择界面

图 6-6　标注结果命名界面

5）标注结果保存：单击【File】菜单，在弹出的下拉菜单中，默认【Save With Image Data】选项是勾选状态，这里取消勾选，如图 6-7 所示否则保存的标注文件中会包含图片，然后单击【Save】菜单项，保存标注数据为 JSON 文件格式，标注文件名和图像文件名保持一致。

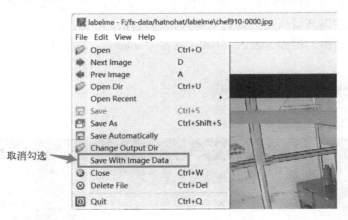

图 6-7　取消【Save With Image Data】选项

6）通过快捷键〈D〉移动到下一张图像、快捷键〈A〉移动到前一张图像，完成图像的移动，更多图像及类别如图 6-8 所示。

7）LabelMe 标注工具生成的文件结构如下，其中 Points 为目标区域左上角和右下角的坐标。

```
{
    "version": "5.2.0",
    "flags": {},
    "shapes": [
        {
```

```
              "label": "hat",
              "points": [
                [
                  1157.7272727272727,
                  298.33333333333337
                ],
                [
                  1201.6666666666667,
                  340.75757575757586
                ]
              ],
              "group_id": null,
              "description": "",
              "shape_type": "rectangle",
              "flags": {}
            },
            ...
        ],
        "imagePath": "chef910-0235.jpg",
        "imageData": null,
        "imageHeight": 1080,
        "imageWidth": 1920
}
```

图 6-8　LabelMe 多个类别标注界面

6.2.3　数据集构建

需要将数据构建为图像算法能识别的形式，本项目中，是将 JSON 文件格式转为 YOLO 格式。如 6.2.2 中介绍的数据标注过程所示,在目标检测中,使用矩形的边界框(Bounding Box)描述对象的空间位置。图像在计算机中一般表示为一个二维矩阵,坐标原点(0,0)位于图像左上角,x 轴正方向水平向右,y 轴正方向垂直向下。此时,目标的位置边界框有如图 6-9 所示两种表示方式。

- 使用边界框的左上角和右下角在图像中的坐标值来表示:bbox$[x1,y1,x2,y2]$。
- 使用矩阵的中心坐标、矩形的高和宽来表示:bbox$[cx,cy,w,h]$。

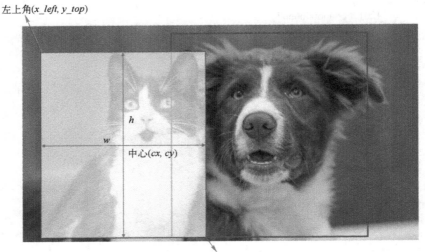

图 6-9 两种标注矩形框示意

在 LabelMe 中,数据标注结果采用了第一种表示方式,而 YOLO 目标检测算法在训练阶段使用了第二种标注方式。因此,需要先进行标注框的坐标转换。LabelMe 转 YOLO 格式代码如下:

```python
import os
import cv2
import glob
import json
import numpy as np

## 将 labelme_json 标注转 yolov5_txt
def convert(size, box):
    """
    convert [xmin, xmax, ymin, ymax] to [x_centre, y_centre, w, h]
    """
    dw = 1. / size[0]
    dh = 1. / size[1]
    x = (box[0] + box[1]) / 2.0
    y = (box[2] + box[3]) / 2.0
    w = box[1] - box[0]
```

```python
        h = box[3] - box[2]
        x = x * dw
        w = w * dw
        y = y * dh
        h = h * dh
        return (x, y, w, h)


class_names = ["nohat", "hat", "nomask", "mask", "nosuit", "suit", "smoke", "mouse"]
# 使用时替换为自己的类别即可
# 标注文件路径,根据需要修改
json_dir = "D:/works/dev/fuxing-data/chu-all/json"
# 保存 YOLO 文件路径,根据需要修改
txt_dir = "D:/works/dev/fuxing-data/chu-all/txt"
os.makedirs(txt_dir, exist_ok=True)

json_pths = glob.glob(json_dir + "/*.json")

for json_pth in json_pths:
    f1 = open(json_pth, "r")
    json_data = json.load(f1)
    # 可以通过 OpenCV 或者直接读取 JSON 属性方法来完成文件的保存
    # img_pth = os.path.join(json_dir, json_pth.replace("json", "jpg"))
    # img = cv2.imread(img_pth)
    # h, w = img.shape[:2]
    h = json_data["imageHeight"]
    w = json_data["imageWidth"]
    tag = os.path.basename(json_pth)
    out_file = open(os.path.join(txt_dir, tag.replace("json", "txt")), "w")
    # print(json_data)
    label_infos = json_data["shapes"]
    for label_info in label_infos:
        label = label_info["label"]
        points = label_info["points"]
        print("+++", len(points))
        if len(points) >= 3:
            points = np.array(points)
            print(points.shape)
            xmin, xmax = max(0, min(np.unique(points[:, 0]))), min(w, max(np.unique(points[:, 0])))
            ymin, ymax = max(0, min(np.unique(points[:, 1]))), min(h, max(np.unique(points[:, 1])))
            # print("++++", ymin, ymax)
```

```
            elif len(points) == 2:
                x1, y1 = points[0]
                x2, y2 = points[1]
                xmin, xmax = min(x1, x2), max(x1, x2)
                ymin, ymax = min(y1, y2), max(y1, y2)
            else:
                continue
            bbox = [xmin, xmax, ymin, ymax]
            bbox_ = convert((w,h), bbox)
            cls_id = class_names.index(label)
            out_file.write(str(cls_id) + " " + " ".join([str(a) for a in bbox_]) + '\n')
```

上述代码中的检测类别，json 文件夹和 txt 文件夹可以根据自己需要修改：

```
class_names = ["nohat", "hat", "nomask", "mask", "nosuit", "suit", "smoke", "mouse"]
json_dir = "D:/works/dev/fuxing-data/chu-all/json"
txt_dir = "D:/works/dev/fuxing-data/chu-all/txt"
```

另外，代码中提供了通过读取 JSON 文件属性或者 OpenCV 读取图像的方式，可以任选其一。生成的 txt 文件格式如下，第一列为类别，后面为归一化的中心坐标及矩形框大小。

```
1 0.8377525252525252 0.4053030303030304 0.03393308080808086 0.05892255892255892
1 0.7477904040404042 0.3547979797979799 0.03235479797979804 0.05611672278338936
0 0.5244633838383839 0.5960998877665545 0.07181186868686874 0.10662177328844004
```

在完成图像及标注后，我们可以按照一定比例将标注图像划分为 train/val/test 文件夹，一般的比例为 8:2:0、8:1:1、9:1:0 等，可根据图像数量来进行划分。另外，注意图像中每个类别的图像数据比例尽量保持一致。

图像划分结构如下：

```
Dataset 根目录
    |--images
            |--train
            |--val
            |--test
        |--labels
            |--train
            |--val
            |--test
```

任务 6.3 训练 YOLO 模型

训练 YOLO 模型

Ultralytics 公司为 YOLO 算法提供了工程化实现代码，其接口友好，训练和推理过程简单，下面介绍 YOLO 工具包的安装及使用方法。

6.3.1　YOLO 工具包的安装

YOLO 工具包安装步骤如下。

1）YOLO 的获取地址为 https://github.com/ultralytics/ultralytics，打开网站后，单击【Code】按钮，选择【Download ZIP】下载源程序，如图 6-10 所示。

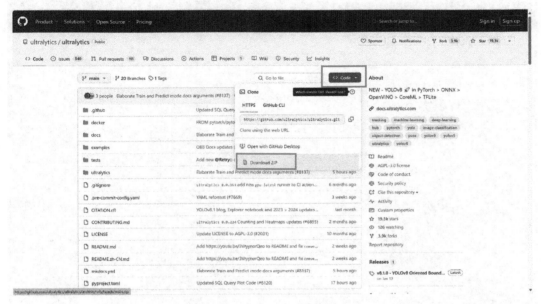

图 6-10　YOLO 模型获取界面

2）解压程序，打开 PyCharm 文件，选择【File】→【Open】，打开下载的 ultralytics-main 文件夹，打开 YOLO 项目，如图 6-11 所示。

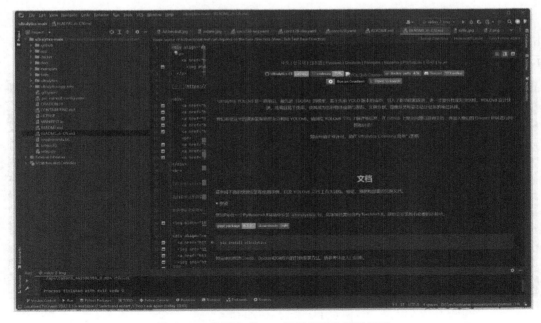

图 6-11　采用 PyCharm 打开 YOLO 项目界面

3）这里需要配置为我们的"learn-pytorch"环境，单击菜单【File】→【Settings】，打开"Settings"对话框，单击【Project Interpreter】选项卡，并单击右上角【Add Interpreter】按钮，如图6-12所示。

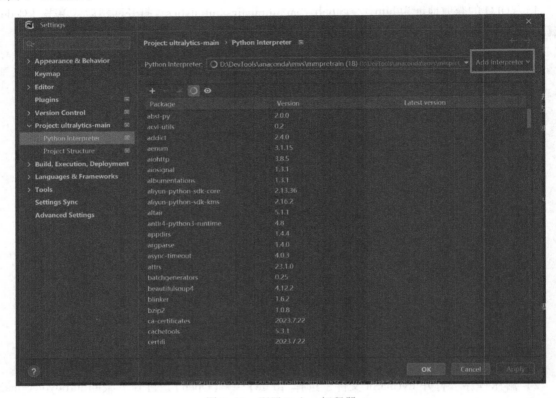

图 6-12　配置 Python 解释器

4）在弹出的"Add Python Interpreter"对话框中，选择【Conda Environment】选项卡，并单击【Use existing environment】下拉菜单，选择创建过的"learn-pytorch"环境，如图6-13所示。

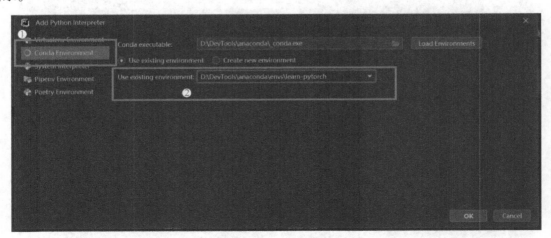

图 6-13　选择 Conda 环境界面

5) 切换到"Anaconda Prompt"控制台，切换目录到"ultralytics-main"安装文件夹，并输入如下指令：

```
pip install -e .
```

pip install -e . 是 pip 命令的一种使用方式，它表示在当前目录下安装一个可编辑包。具体含义如下。
- pip：Python 的软件包管理器，用于安装、卸载和管理 Python 包。
- install：pip 命令的一个子命令，用于安装 Python 包。
- -e：表示使用可编辑模式安装包，即把包安装到当前目录，并且可以通过编辑包代码实时调试。
- .：表示安装当前目录下的包。

6.3.2 配置文件修改

由于神经网络代码已经形成固有规范格式，因此，一般通过配置文件即可完成数据集以及网络结构的创建和修改，在"ultralytics/cfg/datasets"中，打开"coco128.yaml"文件，修改为如下代码。

```
# Ultralytics YOLO, AGPL-3.0 license
# COCO128 dataset https://www.kaggle.com/ultralytics/coco128 (first 128 images from COCO train2017) by Ultralytics
# Example usage: yolo train data=coco128.yaml
# parent
# ├── ultralytics
# └── datasets
#     └── coco128  ← downloads here (7 MB)


# Train/val/test sets as 1) dir: path/to/imgs, 2) file: path/to/imgs.txt, or 3) list: [path/to/imgs1, path/to/imgs2, ..]
path: D:/works/dev/fuxing-data/chu-all  # dataset root dir
train: images/train  # train images (relative to 'path') 128 images
val: images/val  # val images (relative to 'path') 128 images
test:  # test images (optional)

# Classes
names:
  0: nohat
  1: hat
```

上述的 path 文件夹可以按照自己的文件路径进行修改。

6.3.3 训练模型

YOLO 是高度封装的代码，可以在 YOLO 项目下创建一个"app"文件夹，并添加名为

"train.py"的文件,对应训练代码如下。

```python
from ultralytics import YOLO
def train():
    # 加载模型
    model = YOLO('../cfg/models/v8/yolov8n.yaml')   # 从 YAML 构建新模型
    # 训练模型
    results = model.train(data='../cfg/datasets/coco128-chu.yaml', epochs=2, imgsz=640)

if __name__ == '__main__':
    train()
```

采用的 yolov8n 模型如下。

	from	n	params	module	arguments
0	-1	1	464	ultralytics.nn.modules.conv.Conv	[3, 16, 3, 2]
1	-1	1	4672	ultralytics.nn.modules.conv.Conv	[16, 32, 3, 2]
2	-1	1	7360	ultralytics.nn.modules.block.C2f	[32, 32, 1, True]
3	-1	1	18560	ultralytics.nn.modules.conv.Conv	[32, 64, 3, 2]
4	-1	2	49664	ultralytics.nn.modules.block.C2f	[64, 64, 2, True]
5	-1	1	73984	ultralytics.nn.modules.conv.Conv	[64, 128, 3, 2]
6	-1	2	197632	ultralytics.nn.modules.block.C2f	[128, 128, 2, True]
7	-1	1	295424	ultralytics.nn.modules.conv.Conv	[128, 256, 3, 2]
8	-1	1	460288	ultralytics.nn.modules.block.C2f	[256, 256, 1, True]
9	-1	1	164608	ultralytics.nn.modules.block.SPPF	[256, 256, 5]
10	-1	1	0	torch.nn.modules.upsampling.Upsample	[None, 2, 'nearest']
11	[-1, 6]	1	0	ultralytics.nn.modules.conv.Concat	[1]
12	-1	1	148224	ultralytics.nn.modules.block.C2f	[384, 128, 1]
13	-1	1	0	torch.nn.modules.upsampling.Upsample	[None, 2, 'nearest']
14	[-1, 4]	1	0	ultralytics.nn.modules.conv.Concat	[1]
15	-1	1	37248	ultralytics.nn.modules.block.C2f	[192, 64, 1]
16	-1	1	36992	ultralytics.nn.modules.conv.Conv	[64, 64, 3, 2]
17	[-1, 12]	1	0	ultralytics.nn.modules.conv.Concat	[1]
18	-1	1	123648	ultralytics.nn.modules.block.C2f	[192, 128, 1]
19	-1	1	147712	ultralytics.nn.modules.conv.Conv	[128, 128, 3, 2]
20	[-1, 9]	1	0	ultralytics.nn.modules.conv.Concat	[1]
21	-1	1	493056	ultralytics.nn.modules.block.C2f	[384, 256, 1]
22	[15, 18, 21]	1	752872	ultralytics.nn.modules.head.Detect	[8, [64, 128, 256]]

YOLOv8n summary: 225 layers, 3012408 parameters, 3012392 gradients, 8.2 GFLOPs

网络层次一共 225 层,300 多万个参数,采用了类似 ResNet 的设计思想,训练结束后,训练日志记录在当前目录对应的"runs"文件夹下,如图 6-14 所示。

其中 yolov8n 主要针对嵌入式设备,例如,英伟达 Jseton Nano 进行设计,训练时间短,硬件要求较低。实际项目上,可以改为 yolov8s、yolov8m、yolov8l、yolov8x 等参数。对应模型大小如表 6-1 所示,模型越大,检测准确率越高。

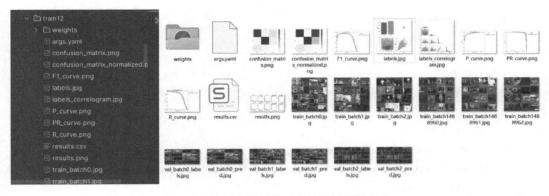

图 6-14 YOLO 训练及对应的训练过程日志

表 6-1 YOLO 模型精度

模型	输入图像尺寸/像素	参数个数/万个	算力要求/flops
yolov8n	640	320	8.7
yolov8s	640	1120	28.6
yolov8m	640	2590	78.9
yolov8l	640	4370	165.2
yolov8x	640	6820	257.8

注：flops 为每秒浮点运算次数，是 GPU 的算力单位。

在训练日志中，YOLO 会生成多种文件图标，包括准确率、标注图像类别等，基于训练日志分析训练效果，可以改进数据集和网络参数配置。

训练结果保存在 "runs/train/weights" 文件夹中，训练过程日志如图 6-15 所示，在实际项目上，可以训练两个轮次，确保位置正确，然后，将参数修改到 300 个轮次，完成训练过程。

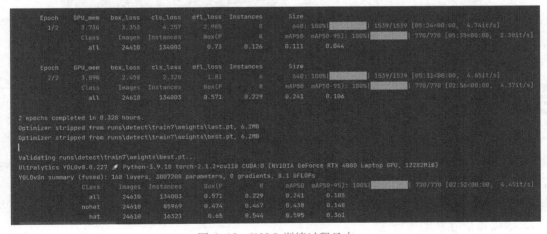

图 6-15 YOLO 训练过程日志

任务 6.4 采用 YOLO 进行异常行为推理

在 YOLO 项目的 "app" 文件夹，添加名为 "inference.py" 的文件，对应推理代码如下：

采用 YOLO 进行异常行为推理

```
from ultralytics import YOLO

# 加载模型
model = YOLO('best-1.pt')
if __name__ == '__main__':
    # 训练模型
    results = model('D:/2.png', save=True)
    Boxes = results[0].boxes
    print(Boxes.cls)
    print(results)
```

预测结果如图 6-16 所示。

图 6-16　未戴厨师帽异常行为的预测结果

完成预测后，即可将该结果上传到对应的 Web 平台进行业务处理。

任务 6.5　掌握目标检测流程

本项目通过 YOLO 模型进行了食品加工中异常行为的预测，在实际项目中，一般采用开源算法二次修改配置的方式进行开发，因此，数据集的构建是实际应用的重要环节。通过 YOLO 训练即配置，将目标检测一般流程总结为如图 6-17 所示的过程。

掌握目标检测流程

1. 数据集建立及图像标注

需要搜集待检测目标的样本，并对样本进行人工标注，得到图像位置及类别的真实值（Grouth Truth）。

2. 候选区域划分

将图像划分为多个网格的方式，并以每个网格为中心点生成多个大小不一的矩形框，这些矩形框称为锚框，如图 6-18 所示。

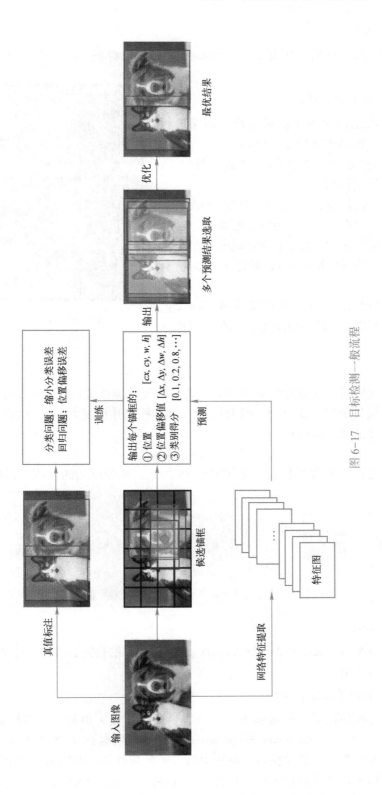

图 6-17 目标检测一般流程

3. 图像特征提取

一般通过卷积神经网络，如 ResNet、VGG 等进行图像特征提取，也可以自定义特征提取网络结构。

4. 目标位置及类别的预测

目标位置及类别的预测主要通过神经网络进行分类和回归预测，输出矩阵维度一般为

[BatchSize × 候选锚框数量×（4+类别数量）]

每个候选锚框的输出如下。

1) 锚框原始位置 $[cx, cy, w, h]$，其中 (cx, cy) 为中心坐标，w 为矩形框宽度，h 为矩形框高度。

2) 分类预测结果。锚框标记位置属于某个类别的概率，如 $[0.11, 0.23, 0.8, \cdots]$，数组大小为所有类别总数。

3) 回归预测结果。锚框位置偏移值 $[\Delta x, \Delta y, \Delta w, \Delta h]$，为锚框原始位置与标注类别所在矩形框之间的偏移值。

图 6-18　选取目标候选区域

5. 训练

训练的目的主要是优化目标类别对应的参数矩阵及目标位置 $[\Delta x, \Delta y, \Delta w, \Delta h]$ 对应的参数矩阵。其对应的损失函数主要由分类损失 $loss_{cls}$ 和矩形框交并比损失 $loss_{rect}$ 组成，在不同算法实现中，会增加更多的损失函数：

$$loss = loss_{cls} + loss_{rect} \qquad (6-1)$$

其中的交并比损失函数 IOU 的定义如图 6-19 所示，B_1 为算法的预测矩形框，B_2 为标注的真实矩形框。

图 6-19　交并比损失函数 IOU 的定义示意图

6. 预测结果输出

一般输出 $[cx+\Delta x, cy+\Delta y, w+\Delta w, h+\Delta h, p1, p2, p3, \cdots]$ 的格式，其中 $p1, p2, p3, \ldots$ 为目标输入某个类别的概率值。

7. 预测结果的评价及最优化

由于采用标记框的格式，一般输出多个框，再通过非极大值抑制算法输出结果最好的一个。非极大值抑制（Non-Maximum Suppression，NMS），顾名思义就是抑制不是极大值的元素。例如，在行人检测中，滑动窗口经特征提取，经分类器分类识别后，每个窗口都会得到一个分数。但是滑动窗口会导致很多窗口与其他窗口存在包含或者大部分交叉的情况。这时就需要用到 NMS 来选取那些邻域里分数最高（是行人的概率最大）的窗口，并且抑制那些分数低的窗口。NMS 在计算机视觉领域有着非常重要的应用，如视频目标跟踪、数据挖掘、3D 重建、

目标识别及纹理分析等。在目标检测中，NMS 的目的就是要去除冗余的检测框，保留最好的一个，如图 6-20 所示。

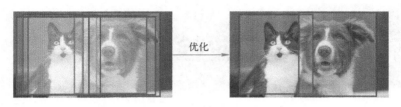

图 6-20　多个输出框经过 NMS 输出最优结果

习题

1）MS COCO（Microsoft Common Objects in Context）起源于是微软在 2014 年出资标注的 Microsoft COCO 数据集，与 ImageNet 竞赛一样，被视为是计算机视觉领域最受关注和最权威的比赛之一。

在 ImageNet 竞赛停办后，COCO 竞赛就成为当前目标识别、检测等领域的一个最权威、最重要的标杆，也是目前该领域在国际上唯一能汇集众多院校和优秀企业共同参与的大赛。访问 https://cocodataset.org/，了解 COCO 数据集格式。

2）下载 Coco128 数据集并实现 YOLO 在该数据集上的训练。

3）访问 https://docs.ultralytics.com，阅读 YOLO 官方文档，理解 YOLO 在不同任务上的应用。按照官方文档下载更多的 YOLO 模型，实现行人检测、车辆检测等不同任务，如图 6-21 所示。

图 6-21　实现更多 YOLO 多分类任务

项目 7 工业检测图像分割

项目背景

项目背景

工业检测图像分割是指将工业生产中的图像从背景中精确地分离出有意义的目标或区域。这项任务对于自动化工业检测、缺陷检测、物体计数和跟踪等应用至关重要。图像分割旨在将图像分成若干个互不重叠的区域或像素集合，使得每个区域内的像素具有相似的特征。在工业检测中，图像分割主要用于将感兴趣的目标（如产品、物体或缺陷）与背景进行分离。在传统数字图像处理中，一般采用阈值分割、区域生长、边缘检测、图像分割等方法，自从深度学习技术普及以来，基于 UNet 结构的分割模型迅速得到了推广，通过大量的标记数据进行训练，深度学习分割模型的准确性大大超越了传统算法。

知识目标：
- 理解图像分割的基本概念及其在工业检测中的应用。
- 学习分割数据标注的方法和技巧。
- 掌握图像分割检测算法的开发流程和关键步骤。
- 学习并深入理解 UNet 网络结构及其在图像分割中的应用。

能力目标：
- 能够熟练使用 LabelMe 等工具完成分割数据的标注工作。
- 能够掌握将 LabelMe 生成的数据格式转换为分割模型所支持的数据格式的方法。
- 能够运用 UNet 网络结构开发图像分割算法，并对其进行优化和调整。
- 具备独立解决实际项目中图像分割问题的能力。

素养目标：
- 具备从实际项目出发，理解项目需求和应用场景的能力。
- 能够根据项目需求，独立选取合适的开发工具和算法框架。
- 具备良好的创新意识和团队协作能力，能够在项目中发挥积极作用。
- 培养核心价值观，将技术应用于产业发展之中。

任务 7.1　了解图像分割需求

了解图像分割需求

在项目 6 中，图像目标被矩形区域包围，但实际应用中，需要分离不规则的图像区域，方便进行下一步操作。例如，为了实现以下工业零件的测量，首先需要对图像进行分割处理，然后进行具体的测量，如图 7-1 所示。

因此，**图像分割**是图像分析的第一步，是计算机视觉的基础，是图像理解的重要组成部分，同时也是图像处理中最困难的问题之一。所谓图像分割是指根据灰度、彩色、空间纹理、

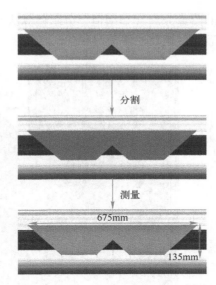

图 7-1　工业测量中的检测步骤

几何形状等特征把图像划分为若干个互不相交的区域，使得这些特征在同一个区域内表现出一致性或相似性，而在不同区域间表现出明显的不同。简单地说就是在一幅图像中，把目标从背景中分离出来。

本质来讲，图像分割是一种将像素分类的过程，分类的依据包括像素间的相似性、非连续性等。图像分割包括**语义分割**和**实例分割**两种类型。在语义分割中，所有物体都是同一类型的，所有相同类型的物体都使用一个类标签进行标记；而在实例分割中，相似的物体可以有自己独立的标签，类似于目标检测与语义分割的结合体，如图 7-2 所示。

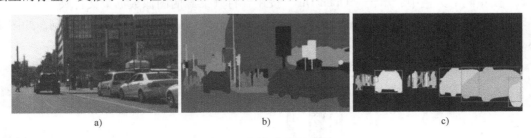

图 7-2　图像分割示意图
a) 原始图像　b) 语义分割　c) 实例分割

任务 7.2　数据集构建

下面，以工业零件检测为例，实现图像的语义分割。这里采用的是变压器铁心的硅钢片料零件，对应的数据集在配套资料内。

7.2.1　数据标注

本项目数据来自于自主采集的工业图像，共有 160 张，目标是实现片料区域的提取，如图 7-3 所示。由于图像本身存在阴影、图

数据标注

像背景存在明暗变化等,传统的图像分割(如阈值、分水岭算法等),在本图像上分割效果较差,自深度学习的算法出现以后,传统算法逐渐被取代。

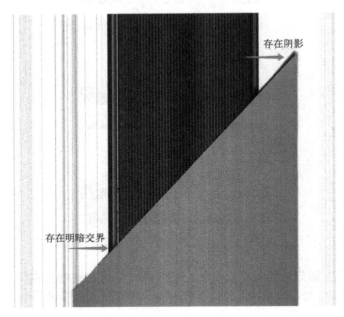

图 7-3　存在阴影、明暗交界等干扰因素的图像示例

在构建不规则数据集时,可以通过 LabelMe 的多边形标注方法进行实现,具体步骤如下。

1)打开"Anaconda Prompt"控制台,输入"labelme"指令,打开 LabelMe 软件。

2)在左侧工具栏中,单击"Open Dir"按钮,打开下载的图像数据集文件夹。

3)右击图像,在弹出菜单项中选择"Create Rectangle",进行多边形框的绘制,如图 7-4 所示。

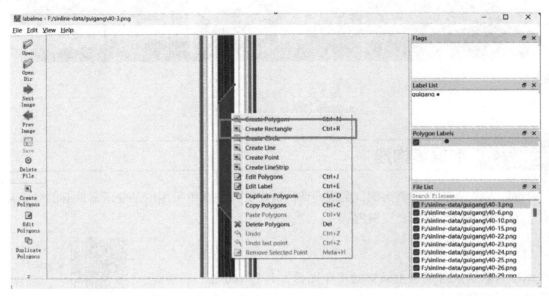

图 7-4　绘制多边形框图

4)为确保绘制区域准确,在完成绘制后,同时按〈Ctrl++〉键,可以放大图像,再通过右键功能菜单选择"Edit Polygons",调整多边形贴合待分割目标,如图7-5所示。

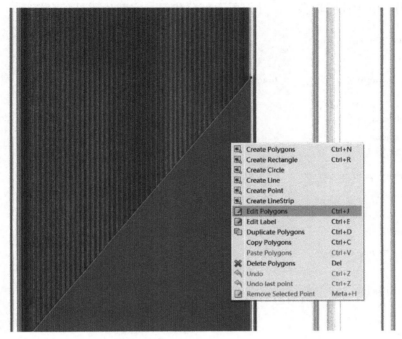

图7-5 多边形标记区域微调图

5)确保"File"→"Save With Image Data"未被选中,完成图像的标注。
6)最终标注结果如图7-6所示,共160张图像,对应有160个JSON标注文件。

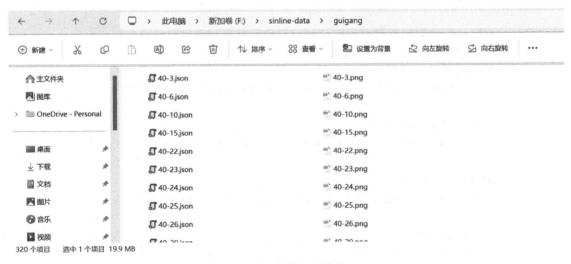

图7-6 图像标注结果

7.2.2 数据格式转换及数据集划分

为转成分割算法需要的数据格式,和目标检测项目一样,需要

数据格式转换及数据集划分

对标注的 JSON 文件结果进行转换，下面将标注结果转为 png 文件格式，具体步骤如下。

1）打开 PyCharm，创建工程，设定 conda 运行环境，添加名为"labelme2voc.py"的文件，输入如下代码，由于代码较多，此处仅展示部分代码，完整代码见配套资源。

```python
#!/usr/bin/env python

from __future__ import print_function

import argparse
import glob
import os
import os.path as osp
import sys

import imgviz
import numpy as np

import labelme


def main():
    # 设置命令行参数
    parser = argparse.ArgumentParser(
        formatter_class=argparse.ArgumentDefaultsHelpFormatter
    )
    parser.add_argument("input_dir", help="Input annotated directory")
    parser.add_argument("output_dir", help="Output dataset directory")
    parser.add_argument(
        "--labels", help="Labels file or comma separated text", required=True
    )
    parser.add_argument(
        "--noobject", help="Flag not to generate object label", action="store_true"
    )
    parser.add_argument(
        "--nonpy", help="Flag not to generate .npy files", action="store_true"
    )
    parser.add_argument(
        "--noviz", help="Flag to disable visualization", action="store_true"
    )
    # 解析命令行参数，完成标注数据向训练数据集格式转换
    args = parser.parse_args()
    ...
```

```
if __name__ == "__main__":
    main()
```

2）在“Anaconda Prompt”控制台下，进入到代码所在文件夹，输入如下指令：

```
python labelme2voc.py --labels=labels.txt input_folder data_dataset_voc
```

其中的“input_folder”为标注的文件夹，data_dataset_voc 为自行创建的符合 voc 格式的文件夹，运行后输出结果如图 7-7 所示。

JPEGImages	2024/1/12 17:19	文件夹	
SegmentationClass	2024/1/12 17:19	文件夹	
SegmentationClassNpy	2024/1/12 17:19	文件夹	
SegmentationObject	2024/1/12 17:19	文件夹	
SegmentationObjectNpy	2024/1/12 17:19	文件夹	
class_names.txt	2024/1/12 17:12	文本文档	1 KB

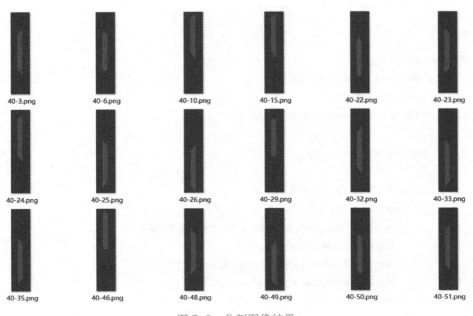

图 7-7　labelme2voc 生成的图像数据集

3）打开“SegmentationClass”文件夹，可以看到，分割后的图像结果以 png 索引格式保存，如图 7-8 所示。

图 7-8　分割图像结果

4）下面将索引图像转为标签图像，如同在建立分类数据集时，每个文件夹一个类别索引一样，这里要具体到每个像素分属不同的类，例如，属于背景区域的赋值为 0；属于零件区域的，赋值为 1，创建名为“voc2label.py”的 Python 文件，输入如下代码。

```python
import os
import cv2
import numpy as np
ann_dir = r'F:\sinline-data\voc\SegmentationClass'        # 对应目录可以进行修改
ann_dest_dir = r'F:\sinline-data\voc\ann'                 # 对应目录可以自行修改

jpg_dir = r'F:\sinline-data\voc\JPEGImages'
png_dest_dir = r'F:\sinline-data\voc\img'                 # jpg 转 png 目录,路径可以自行修改

def gen_ann():
    ann_files = os.listdir(ann_dir)
    for ann_file in ann_files:
        file_ext = os.path.splitext(ann_file)

        if file_ext[1] == '.png':
            # 判断是否为 png 文件
            imgfile = ann_dir + '\\' + ann_file
            destfile = ann_dest_dir + '\\' + ann_file
            img = cv2.imread(imgfile, 0)
            newann = np.where(img != 0, 1, img)
            # print(np.max(new_matrix))
            cv2.imwrite(destfile, newann)


def gen_png():
    jpg_files = os.listdir(jpg_dir)
    for jpg_file in jpg_files:
        file_ext = os.path.splitext(jpg_file)

        if file_ext[1] == '.jpg':

            # 判断是否为 png 文件
            imgfile = jpg_dir + '\\' + jpg_file
            pngfile = png_dest_dir + '\\' + file_ext[0] + '.png'
            img = cv2.imread(imgfile, 0)
            img = cv2.cvtColor(img, cv2.COLOR_GRAY2BGR)
            # print(np.max(new_matrix))
            cv2.imwrite(pngfile, img)
if __name__ == "__main__":
    gen_ann()
    gen_png()
```

5)运行程序,完成数据的划分,我们得到一个 ann 文件夹和一个 jpg 文件夹,分别保存了原始图像和标注数据。

在完成数据集转换后，可以进行数据集的划分。在同一目录下，创建 data 文件夹，并按照如下格式创建子目录。

```
data
    |——Guigang
        |—— annotations
            |——training
            |——validation
        |—— images
            |——training
            |——validation
```

复制 140 张图像到"images/training"文件夹，复制 20 张图像到"images/validation"下，将同名的标注 png 文件分别复制到"annotations/training"和"annotations/validation"文件夹内。

任务 7.3　图像分割网络训练

在完成数据集构建后，需要进行网络模型训练，这里采用 UNet 网络结构。下面介绍模型结构、模型搭建步骤及训练过程。

图像分割网络训练

7.3.1　UNet 网络概述

在生物医学图像分割领域，UNet 网络得到了广泛的应用，由 Olaf Ronneberger、Phillipp Fischer 和 Thomas Brox 于 2015 年在论文"UNet：Convolutional Networks for Biomedical Image Segmentation"中首次提出。至今，UNet 已经有了很多变体。目前已有许多新的卷积神经网络设计方式，但很多仍延续了 UNet 的核心思想，加入了新的模块或者融入其他设计理念。

UNet 及其变体包括编码器和解码器两部分，如图 7-9 所示。在编码器部分进行特征提取，采用 VGG 或 ResNet 网络，每经过一个池化层图像缩小 50%，包括原图，一共 5 次缩小；在解码器部分进行上采样或反卷积操作，每上采样一次，图像放大一倍，并和特征提取部分对应的通道位置进行矩阵拼接，这种拼接称为特征融合。由于网络结构像 U 型，所以叫 UNet 网络。在 UNet 输出的最后一层，使用了 1×1 的卷积层做了分类。

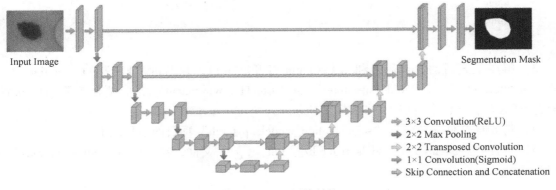

图 7-9　UNet 网络结构

7.3.2 UNet 网络的建立

UNet 网络结构本身并不复杂，但是由于 UNet 可以内嵌 VGG、ResNet 等多种网络结构，因此图像分割一般采用开源框架进行实现，这里采用了 SMP 开源库。具体步骤如下。

1）打开 https://github.com/qubvel/segmentation_models.pytorch，下载 SMP 图像分割库，如图 7-10 所示。

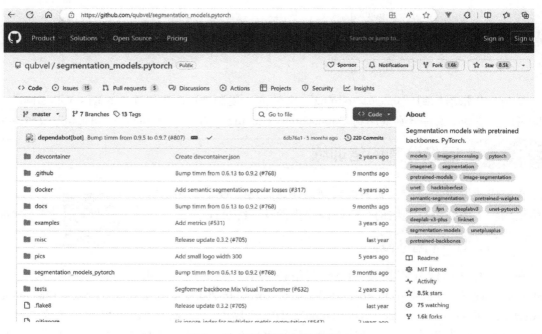

图 7-10　SMP 图像分割库界面

2）打开"Anaconda Prompt"控制台，利用 Pip 工具添加如下引用。

```
pretrainedmodels==0.7.4
efficientnet-pytorch==0.7.1
timm==0.9.7
albumentations
tqdm
pillow
six
```

3）解压下载后的源代码，利用 PyCharm 打开该项目，并通过"File"→"Settings"→"Python Interpreter"→"Add Interpreter"→"Conda Environment"完成项目解释器的配置，详细步骤在项目 6 已经讲述。

4）将 data 文件夹复制到"segmentation_models.pytorch"项目的根目录下。

5）打开"segmentation_models_pytorch/__init__.py"文件，在"from . import metrics"下添加：

```
from . import utils
```

6）至此，完成了"segmentation_models.pytorch"项目的安装，输入如下指令，查看工具库是否可以使用。

```
pip install -e .
```

7.3.3 创建 Dataset 类

在项目下添加名为"dataset_guigang.py"的 Python 文件，输入数据集创建代码，步骤如下。

1）引入相关函数库。

```
from torch.utils.data import DataLoader
from torch.utils.data import Dataset as BaseDataset
import os
import numpy as np
import cv2

import albumentations as albu           # 数据增强库
```

2）创建零件数据库。

```
class DatasetGuigang(BaseDataset):
    """创建零件检测数据集，包括文件读取，图像增强以及预处理操作

    Args:
        images_dir (str): path to images folder
        masks_dir (str): path to segmentation masks folder
        class_values (list): values of classes to extract from segmentation mask
        augmentation (albumentations.Compose): data transfromation pipeline
            (e.g. flip, scale, etc.)
        preprocessing (albumentations.Compose): data preprocessing
            (e.g. noralization, shape manipulation, etc.)

    """

    CLASSES = ['background', 'guigang',]            # 这里可以补充更多类型

    def __init__(
            self,
            images_dir,
            masks_dir,
            classes=None,
            augmentation=None,
            preprocessing=None,
```

```python
        ):
            self.ids = os.listdir(images_dir)
            self.images_fps = [os.path.join(images_dir, image_id) for image_id in self.ids]
            self.masks_fps = [os.path.join(masks_dir, image_id) for image_id in self.ids]

            # convert str names to class values on masks
            self.class_values = [self.CLASSES.index(cls.lower()) for cls in classes]

            self.augmentation = augmentation
            self.preprocessing = preprocessing

        def __getitem__(self, i):

            # read data
            image = cv2.imread(self.images_fps[i])
            image = cv2.cvtColor(image, cv2.COLOR_BGR2RGB)
            mask = cv2.imread(self.masks_fps[i], 0)

            # extract certain classes from mask (e.g. chips)
            masks = [(mask == v) for v in self.class_values]
            mask = np.stack(masks, axis=-1).astype('float')

            # apply augmentations
            if self.augmentation:
                sample = self.augmentation(image=image, mask=mask)
                image, mask = sample['image'], sample['mask']

            # apply preprocessing
            if self.preprocessing:
                sample = self.preprocessing(image=image, mask=mask)
                image, mask = sample['image'], sample['mask']

            return image, mask

        def __len__(self):
            return len(self.ids)
```

3）配置数据增强函数，对于训练集和验证集分别配置。

```python
    def get_training_augmentation():
        """训练阶段图像增强"""
        train_transform = [
            albu.HorizontalFlip(p=0.5),
            albu.Resize(height=1024, width=1024, always_apply=True),    # 缩放到1024×1024
```

```
            albu.Rotate(limit=10, p=0.5),           # 图像进行一定的旋转
        ]
        return albu.Compose(train_transform)


    def get_validation_augmentation():
        """验证阶段图像增强"""
        test_transform = [
            albu.Resize(height=1024, width=1024, always_apply=True),
        ]
        return albu.Compose(test_transform)


    def to_tensor(x, **kwargs):
        return x.transpose(2, 0, 1).astype('float32')
```

4) 配置数据预处理函数，例如，图像归一化处理、转为 PyTorch 张量等。

```
    def get_preprocessing(preprocessing_fn):
        """Construct preprocessing transform

        Args:
            preprocessing_fn (callbale): data normalization function
                (can be specific for each pretrained neural network)
        Return:
            transform: albumentations.Compose

        """

        _transform = [
            albu.Lambda(image=preprocessing_fn),
            albu.Lambda(image=to_tensor, mask=to_tensor),
        ]
        return albu.Compose(_transform)
```

7.3.4 进行网络训练

在项目根目录下创建 "train.py"，按如下步骤输入网络训练代码。
1) 导入头文件。

```
    import os
    from torch.utils.data import DataLoader


    os.environ['CUDA_VISIBLE_DEVICES'] = '0'
```

```python
import matplotlib.pyplot as plt
from dataset_guigang import DatasetGuigang, get_training_augmentation, get_preprocessing, get_validation_augmentation
import torch
import segmentation_models_pytorch as smp
```

2）定义数据集目录。

```python
DATA_DIR = './data/Guigang/'

x_train_dir = os.path.join(DATA_DIR, 'images/training')
y_train_dir = os.path.join(DATA_DIR, 'annotations/training')

x_valid_dir = os.path.join(DATA_DIR, 'images/validation')
y_valid_dir = os.path.join(DATA_DIR, 'annotations/validation')

x_test_dir = os.path.join(DATA_DIR, 'images/validation')
y_test_dir = os.path.join(DATA_DIR, 'annotations/validation')
```

3）定义结果可视化函数。

```python
# helper function for data visualization
def visualize(**images):
    """PLot images in one row."""
    n = len(images)
    plt.figure(figsize=(16, 5))
    for i, (name, image) in enumerate(images.items()):
        plt.subplot(1, n, i+1)
        plt.xticks([])
        plt.yticks([])
        plt.title(' '.join(name.split('_')).title())
        plt.imshow(image)
    plt.show()
```

4）定义骨干网络。

```python
ENCODER = 'se_resnext50_32x4d'
ENCODER_WEIGHTS = 'imagenet'
CLASSES = ['guigang']
ACTIVATION = 'sigmoid'        # 多分类可以改为 'softmax2d'
DEVICE = 'cuda'
```

5）定义 UNet 网络结构，SMP 库包含了 UNet、UNet++等多种网络结构变体，因此，在理解神经网络的基础上，应用第三方库为常见的项目开发方法。

```python
# create segmentation model with pretrained encoder

model = smp.Unet(
    encoder_name=ENCODER,
    encoder_weights=ENCODER_WEIGHTS,
    classes=len(CLASSES),
    activation=ACTIVATION,
)
```

6) 读取数据集, 7.3.3 节定义了数据增强函数, 预处理采用了 SMP 库中的预处理函数。

```python
preprocessing_fn = smp.encoders.get_preprocessing_fn(ENCODER, ENCODER_WEIGHTS)

train_dataset = DatasetGuigang(
    x_train_dir,
    y_train_dir,
    augmentation=get_training_augmentation(),
    preprocessing=get_preprocessing(preprocessing_fn),
    classes=CLASSES,
)

valid_dataset = DatasetGuigang(
    x_valid_dir,
    y_valid_dir,
    augmentation=get_validation_augmentation(),
    preprocessing=get_preprocessing(preprocessing_fn),
    classes=CLASSES,
)

train_loader = DataLoader(train_dataset, batch_size=2, shuffle=True, num_workers=0)
valid_loader = DataLoader(valid_dataset, batch_size=1, shuffle=False, num_workers=0)
```

7) 设置损失函数和优化器, 这里采用了 Adam 优化器, 可以自适应调整学习率。

```python
loss = smp.utils.losses.DiceLoss()
metrics = [
    smp.utils.metrics.IoU(threshold=0.5),
]

optimizer = torch.optim.Adam([
    dict(params=model.parameters(), lr=0.0001),
])
```

8) 开始训练, 代码如下。

```
# create epoch runners
# it is a simple loop of iterating over dataloader's samples
train_epoch = smp.utils.train.TrainEpoch(
    model,
    loss = loss,
    metrics = metrics,
    optimizer = optimizer,
    device = DEVICE,
    verbose = True,
)

valid_epoch = smp.utils.train.ValidEpoch(
    model,
    loss = loss,
    metrics = metrics,
    device = DEVICE,
    verbose = True,
)

def main():
    max_score = 0

    for i in range(0, 400):
        print('\nEpoch: {}'.format(i))
        train_logs = train_epoch.run(train_loader)
        valid_logs = valid_epoch.run(valid_loader)
        vscore = valid_logs['iou_score']
        tscore = train_logs['iou_score']
        # do something (save model, change lr, etc.)
        if max_score < valid_logs['iou_score']:
            max_score = valid_logs['iou_score']
            torch.save(model, './best.pth')
            print('Model saved!')

if __name__ == '__main__':
    main()
```

9)运行程序,完成网络训练。

任务7.4 网络推理及结果评价

网络推理及结果评价

在项目根目录下创建"predict.py",按如下步骤输入网络训练代码。

1)导入库文件,和 train.py 代码类似。

```python
import os

from torch.utils.data import DataLoader

os.environ['CUDA_VISIBLE_DEVICES'] = '0'

import numpy as np
import cv2
import matplotlib.pyplot as plt
from dataset_guigang import DatasetGuigang, get_validation_augmentation, get_preprocessing
import albumentations as albu

import torch
import segmentation_models_pytorch as smp
```

2)配置参数及文件夹路径。

```python
DATA_DIR = './data/Guigang/'
ENCODER = 'se_resnext50_32x4d'
ENCODER_WEIGHTS = 'imagenet'
CLASSES = ['guigang']
ACTIVATION = 'sigmoid' # could be None for logits or 'softmax2d' for multiclass segmentation
DEVICE = 'cuda'

# load repo with data if it is not exists
x_test_dir = os.path.join(DATA_DIR, 'images/validation')
y_test_dir = os.path.join(DATA_DIR, 'annotations/validation')
```

3)输入数据可视化代码。

```python
# helper function for data visualization
def visualize(**images):
    """PLot images in one row."""
    n = len(images)
    plt.figure(figsize=(16, 5))
    for i, (name, image) in enumerate(images.items()):
        plt.subplot(1, n, i+1)
        plt.xticks([])
        plt.yticks([])
        plt.title(' '.join(name.split('_')).title())
        plt.imshow(image)
    plt.show()
```

4)读取训练好的模型和测试集。

```python
# load best saved checkpoint
best_model = torch.load('./best.pth')
preprocessing_fn = smp.encoders.get_preprocessing_fn(ENCODER, ENCODER_WEIGHTS)
# create test dataset
test_dataset = DatasetGuigang(
    x_test_dir,
    y_test_dir,
    augmentation=get_validation_augmentation(),
    preprocessing=get_preprocessing(preprocessing_fn),
    classes=CLASSES,
)

test_dataloader = DataLoader(test_dataset)
```

5)配置测试参数,并进行测试。

```python
loss = smp.utils.losses.DiceLoss()
metrics = [
    smp.utils.metrics.IoU(threshold=0.5),
]


# evaluate model on test set
test_epoch = smp.utils.train.ValidEpoch(
    model=best_model,
    loss=loss,
    metrics=metrics,
    device=DEVICE,
)

logs = test_epoch.run(test_dataloader)

# test dataset without transformations for image visualization
test_dataset_vis = DatasetGuigang(
    x_test_dir, y_test_dir,
    classes=CLASSES,
)

for i in range(5):
    n = np.random.choice(len(test_dataset))

    image_vis = test_dataset_vis[n][0].astype('uint8')
    image, gt_mask = test_dataset[n]
```

```
        gt_mask = gt_mask.squeeze()

        x_tensor = torch.from_numpy(image).to(DEVICE).unsqueeze(0)
        pr_mask = best_model.predict(x_tensor)
        pr_mask = (pr_mask.squeeze().cpu().numpy().round())

        visualize(
            image=image_vis,
            ground_truth_mask=gt_mask,
            predicted_mask=pr_mask
        )
```

6）运行 "predict.py"，查看测试结果，损失值和 IOU 得分如下。

```
valid: 100%|██████████| 8/8 [00:06<00:00, 1.18it/s, dice_loss - 0.00457, iou_score - 0.9944]
```

Dice Loss 是由 Dice 系数而得名的，Dice 系数是一种用于评估两个样本相似性的度量函数，其值越大意味着这两个样本越相似，Dice 系数的数学表达式为

$$\text{Dice} = \frac{2|X \cap Y|}{|X| + |Y|} \tag{7-1}$$

其中 $|X \cap Y|$ 表示 X 和 Y 之间交集元素的个数，$|X|$ 和 $|Y|$ 分别表示 X、Y 中元素的个数。Dice Loss 表达式为

$$\text{Dice Loss} = 1 - \text{Dice} = 1 - \frac{2|X \cap Y|}{|X| + |Y|} \tag{7-2}$$

在语义分割问题中，X 表示真实分割图像的像素标签，Y 表示模型预测分割图像的像素类别，$|X \cap Y|$ 近似为预测图像的像素与真实标签图像的像素之间的点乘，并将点乘结果相加，$|X|$ 和 $|Y|$ 分别近似为它们各自对应图像中的像素相加。

IOU 为真实和预测值之间的交并比，已在项目 6 介绍过。

分割结果如图 7-11 所示。注意，这里对图像进行了 1024×1024 的 Resize 操作，可自行补充后处理程序，将分割结果缩放回原始图像大小。

图 7-11　图像分割结果图（对原图进行了 1024×1024 的缩放操作）

习题

1）什么是图像分割？简述语义分割和实例分割的区别。
2）下载 KITTI 语义分割数据集，利用 SMP 库完成数据集的配置和训练，如图 7-12 所示。

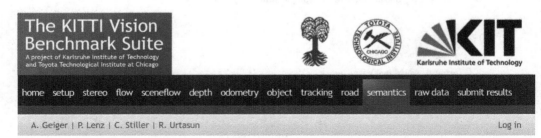

图 7-12　KITTI 数据集

项目 8　内容智能生成

项目背景

大模型是深度学习中的一种模型，用于解决具有复杂特征的任务，如自然语言处理、计算机视觉和语音识别等。大型模型是当前的研究热点，包括 GPT、扩散模型等。大模型一般用于解决通用任务，通常由数百万或数十亿个参数组成，相对于常规模型而言，模型大小通常会增加 10 倍或 100 倍甚至更多。为了让大模型收敛，对于训练数据的规模要求同样较高，通常需要包括上亿张图片或数百 GB 的自然语言文本数据。因此，在训练过程中大模型通常需要大量的计算资源，训练时间可能需要数天、数周甚至数月。大模型收敛后，通常具有更高的准确率和更强的泛化能力，可以处理噪声、变异和异构数据。同时，大模型也具有更好的可迁移性，可以将预训练的模型用于不同的任务和领域。

项目背景

人工智能内容生成是一个充满挑战和创新的领域，是大模型技术的关键热点。本项目讲解人工智能内容生成方面的常见需求，包括图像超分辨率重建、智能问答、文生图、图生图等。需要注意的是，内容生成技术可能带来伦理和社会问题，如虚假新闻生成、侵犯隐私等，在应用开发中需要有良好的道德意识和社会责任感。

知识目标：
- 理解人工智能内容生成（AIGC）的概念及其在各个领域的应用。
- 学习生成对抗网络（GAN）的基本概念和模型结构。
- 了解 ChatGPT 技术及其在自然语言处理中的应用。
- 了解 Stable Diffusion 扩散模型在图像生成中的应用。

能力目标：
- 能够将图像超分辨率算法应用于实际项目，提高图像质量。
- 掌握 ChatGPT 工具的本地化安装及部署方法，实现自然语言处理任务。
- 掌握大模型提词器的使用技巧，提高模型性能。
- 掌握 Stable Diffusion UI 的安装方法，实现高质量的图像生成。

素养目标：
- 能够关注技术发展动态，不断学习和掌握新兴技术。
- 具备良好的职业道德和伦理道德，避免大模型技术的滥用，确保技术应用于正当和合法的场合。
- 在实际项目中，能够充分考虑伦理和社会问题，确保技术的发展符合社会价值观和法律法规。
- 培养团队协作精神，提升跨学科交流与合作的能力。

任务 8.1 了解人工智能内容生成相关概念

人工智能生成内容（Artificial Intelligence Generative Content，AIGC）技术具有广阔的应用前景，可以提供高效、创新和个性化的内容创作体验。随着技术的进一步发展，我们可以预期人工智能生成内容在许多领域的应用将会越来越多，下面介绍其相关概念。

了解人工智能内容生成相关概念

1. AIGC 定义

AIGC 是一种基于机器学习和自然语言处理的技术，能够自动产生文本、图像、音频等多种类型的内容。这些内容可以是新闻文章、小说、图片、音乐，甚至可以是软件代码。**AIGC 系统通过分析大量的数据和文本，学会了模仿人类的创造力，生成高质量的内容。** AIGC 技术可以大大提高内容的生产效率，并保持一定的质量水平，提高内容的精准度和一致性。不过，AIGC 技术仍然面临一些挑战，如如何处理内容的版权问题、如何保证生成的内容符合法律标准和用户期望等。AIGC 是人工智能 1.0 时代进入 2.0 时代的重要标志。

2. AIGC 特点

AIGC 的出现和发展是信息科技和人工智能领域的重要创新之一，它在数字媒体、广告、新闻、娱乐和营销等领域引起了巨大的关注和应用。AIGC 具有以下主要特征。

1）自动化和高效性：AIGC 利用人工智能算法和模型，自动生成内容，不需要人工进行手动创作或编辑。与人工创作相比，AIGC 能够在短时间内快速生成大量内容，提高创作和生产的效率。

2）多样性和定制化：AIGC 可以生成多种形式的内容，包括文字、音频、视频、图像等，满足不同媒体和渠道上的需求。同时，AIGC 还能根据用户的需求、偏好和指定的参数，生成个性化的内容，提供定制化的解决方案。

3）概念理解和智能创作：优秀的 AIGC 能够理解文本、语义和上下文，根据相关的知识库和模型，生成富有表达力和逻辑性的内容。它可以从大量的数据和资源中提取关键信息，并生成具有洞察力和创造力的内容。

4）实时性和快速响应：AIGC 可以快速生成实时的内容，在各种领域，如新闻、天气、体育赛事等方面发挥作用。它能够通过即时更新和动态生成的方式，及时反映最新的信息和变化。

5）个性化和用户体验：AIGC 可以根据用户的需求和偏好生成定制化的内容，提供个性化的用户体验。它可以根据用户的指定参数、历史数据和反馈信息，调整生成内容的风格、语言和格式，以满足用户的需求和期望。

3. AIGC 的主要内容

AIGC 主要有以下 4 方面的内容。

- 文字生成：AIGC 能自动生成各种类型的文本，包括新闻报道、文章、博客、评论、产品描述等。它可以根据用户提供的主题或需求，生成相关且具有一定逻辑性的文字内容。
- 音频生成：AIGC 可以生成音频内容，例如，语音合成、自动语音识别和自动配音。这些技术使得 AIGC 能够自动生成有声读物、播客、音乐、广播等音频形式的内容。

- 视频生成:AIGC 还能生成视频内容,包括视频片段的剪辑、动画生成、特效添加等。它可以将文本、图像和音频等多种元素融合在一起,创造出具有视觉吸引力和故事性的视频内容。
- 图像生成:AIGC 能够生成静态图像或动态图像,例如,插图、图标、图片编辑、艺术创作等。它可以基于文本描述、模式识别和机器学习等技术生成与特定主题相关的图像内容。

AIGC 作为一项前沿技术和应用,具有自动化、多样性、概念理解、实时性和个性化等主要特征。它在数字内容生产、个性化推荐和用户体验等方面具有广阔的应用前景和商业价值。未来,随着人工智能和机器学习等技术的不断进步,AIGC 将会在各个领域发挥更加重要的作用,为人类带来更多的便利和创新。

任务 8.2　实现图像超分辨率重建

AIGC 的一个典型应用是图像的超分辨率重构,本任务介绍图像超分辨率的概念、常见的生成对抗网络,以及实现超分辨率重建的方法。

8.2.1　图像超分辨率技术

图像分辨率是一组用于评估图像中蕴含细节信息丰富程度的性能参数,包括时间分辨率、空间分辨率及色阶分辨率等,体现了成像系统实际所能反映物体细节信息的能力。相较于低分辨率图像,高分辨率图像通常包含更大的像素密度、更丰富的纹理细节及更高的可信赖度。

图像超分辨率技术

但在实际上情况中,受采集设备与环境、网络传输介质与带宽、图像退化模型本身等诸多因素的约束,通常并不能直接得到具有边缘锐化、无成块模糊的理想高分辨率图像。

提升图像分辨率最直接的做法是对采集系统中的光学硬件进行改进,但是由于制造工艺难以大幅改进并且制造成本过高,物理上解决图像低分辨率问题往往代价太大。由此,从软件和算法的角度着手,实现图像超分辨率重建的技术成为了图像处理和计算机视觉等多个领域的热点研究课题。

图像的超分辨率重建技术指的是将给定的低分辨率图像通过特定的算法恢复成相应的高分辨率图像。具体来说,图像超分辨率重建技术指的是利用数字图像处理、计算机视觉等领域的相关知识,借由特定的算法和处理流程,从给定的低分辨率图像中重建出高分辨率图像的过程。其旨在克服或补偿由于图像采集系统或采集环境本身的限制,导致的成像图像模糊、质量低下、感兴趣区域不显著等问题。

简单来理解超分辨率重建就是将小尺寸图像变为大尺寸图像,使图像更加"清晰"。示例如图 8-1 所示。

可以看到,通过特定的超分辨率重建算法,使得原本模糊的图像变得清晰了。传统的"拉伸"型算法主要采用近邻搜索等方式,即对低分辨率图像中的每个像素采用近邻查找或近邻插值的方式进行重建,这种手工设定的方式只考虑了局部并不能满足每个像素的特殊情况,难以恢复出低分辨率图像原本的细节信息。因此,一系列有效的超分辨率重建算法开始陆续被研究学者提出,重建能力不断加强,直至今日,依托深度学习技术,图像的超分辨率重建已经取得了非凡的成绩,在效果上愈发真实和清晰。

图 8-1　超分辨率重建示例

8.2.2　生成对抗网络技术

目前在超分方面较为流行的应用为 Real-ESRGAN，其底层为生成对抗网络技术（Generative Adversarial Network，GAN），并基于 SRGAN 和 ESRGAN 发展而来。

1. GAN

生成对抗网络的基本思想是训练过程中**生成网络**（也叫生成器，Generator）与**判别网络**（也叫判别器，Discriminator）不断对抗的过程。假设生成器是一个厨师，目标是创造出美味且具有创意的菜肴，判别器是美食评论家，任务是品尝这些菜肴并提供专业的评价和反馈。厨师（生成器）努力创造出令人满意的菜肴，而美食评论家（判别器）则通过他们的专业评价帮助厨师发现和改进菜肴的不足之处。随着时间的推移，厨师的烹饪技艺和评论家的品鉴能力都在不断提升，最终达到一种动态的平衡，其中厨师能够制作出接近完美的菜肴，而评论家则能够提供更加精准和更有洞察力的评价。

生成器和判别器在对抗过程中相互促进、不断进步，并最终达到一种动态平衡的状态。在 GAN 中，这种平衡体现为生成器生成的数据越来越难以与真实数据区分，而判别器的鉴别能力也越来越强。生成对抗网络结构如图 8-2 所示。

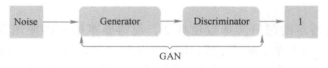

图 8-2　生成对抗网络结构

2. SRGAN

SRGAN（Super-Resolution Generative Adversarial Network）是一种基于生成对抗网络

（GAN）的图像超分辨率算法。其主要思想是通过学习低分辨率（LR）图像与其高分辨率（HR）对应物之间的映射，来实现从 LR 图像到 HR 图像的映射过程，从而实现图像的超分辨率。相较于传统的基于插值的超分辨率算法，SRGAN 可以生成更加清晰、细节，更加丰富的高分辨率图像。SRGAN 的训练数据集通常包括低分辨率图像及其对应的高分辨率图像，其训练过程中通过生成器和判别器相互对抗，以提高生成器的超分辨率效果，网络结构如图 8-3 所示。

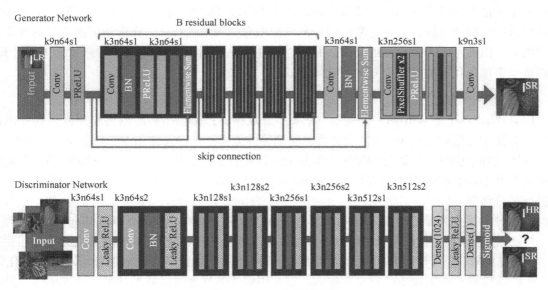

图 8-3　SRGAN 网络结构

3. ESRGAN

ESRGAN（Enhanced Super-Resolution Generative Adversarial Networks）针对 SRGAN 进行了一些改进，所提的 ESRGAN 方法相比 SRGAN 拥有更好的视觉效果。在真实度与纹理细节上，相比 SRGAN 的两个卷积层，ESRGAN 用了 5 个卷积层的密集连接，同时 ESRGAN 还对 BN 层、LOSS 损失函数和图像插值等进行了一些改进。

（1）网络结构

引入了 Residual in Residual Dense Block（RRDB）来代替 SRGAN 中的 Residual Block（RB）；移除了网络单元的 BN 层；增加了残差尺度变化 Residual Scaling，来消除部分因移除 BN 层对深度网络训练稳定性的影响，如图 8-4 所示。

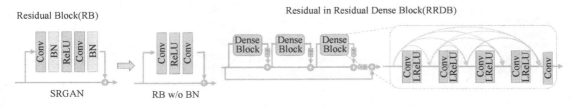

图 8-4　ESRGAN 网络结构变化

（2）对抗损失

SRGAN 对抗损失的目的是让真实图像的判决概率更接近 1，让生成图像的判决概率更接近 0。而改进的 ESRGAN 的目标是，让生成图像和真实图像之间的距离保持尽可能大，这是引入了真实图像和生成图像间的相对距离（Relativistic average GAN，RaGAN），而不是 SRGAN 中的衡量和 0 或 1 间的绝对距离。具体说来，ESRGAN 目的是让真实图像的判决分布减去生成图像的平均分布，再对上述结果做 sigmoid 曲线归一化处理，使得结果更接近于 1；让生成图像的判决分布减去真实图像的平均分布，再对上述结果做 sigmoid 处理，使得结果更接近于 0。

（3）感知损失

基于特征空间的计算，而非像素空间。使用 VGG 网络激活层前的特征图，而不像 SRGAN 中使用激活层后的特征图。因为激活层后的特征图有更稀疏的特征，而激活前的特征图有更详细的细节，因此可以带来更强的监督。并且，通过使用激活后的特征图作为感知损失的计算，可以带来更加锐化的边缘和更好的视觉体验。

4. Real-ESRGAN

Real-ESRGAN 是 ESRGAN 升级版，主要有三点创新：①提出高阶退化过程模拟实际图像退化；②使用光谱归一化 UNet 鉴别器增加鉴别器的能力；③以及使用纯合成数据进行训练。

真实世界中引起图像退化的原因非常复杂，这使得非盲的超分算法，如 ESRGAN，恢复图像的效果并不好。所以需要用盲超分（Blind Super-Resolution）为未知退化类型的低分辨率图像进行超分增强。

盲超分主要分为显式建模（Explicit Modelling）和隐式建模（Implicit Modelling）两类方法。

- 显式建模：将模糊核与噪声信息进行参数化，通过先验知识估计图像的退化过程，包括噪声、模糊、下采样和压缩。但简单地组合几种退化并不能很好地拟合现实世界的图像退化。
- 隐式建模：不依赖于任何显式参数，它利用额外的数据通过数据分布，隐式地学习潜在超分模型。

Real-ESRGAN 中，将显式建模称为一阶建模。一阶的退化建模难以拟合复杂的退化，因此提出了一种高阶退化模型（High-order Degradation Model）。该模型中，n 阶模型包含 n 个重复的退化过程，每个过程都遵循经典模型，为

$$x = \mathcal{D}^n(y) = (\mathcal{D}_n \circ \cdots \circ \mathcal{D}_2 \circ \mathcal{D}_1)(y) \tag{8-1}$$

论文中作者使用的是二阶退化过程，这既保持了简单性，又解决了大多数实际问题。

Real-ESRGAN 完全使用合成数据训练。在生成高清和低清数据对时，模型对输入的图像进行 4 倍下采样（subsampled 或称缩小图像）之外，还继续进行 1 倍或 2 倍的下采样操作，Real-ESRGAN 合成数据过程如图 8-5 所示。

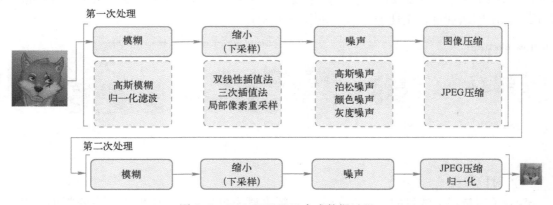

图 8-5　Real-ESRGAN 合成数据过程

Real-ESRGAN 的网络结构和 SRGAN 类似，为减小计算量，作者创新性地提出了 Pixel Unshuffle 操作，令输入分辨率减小、通道增加，如图 8-6 所示。

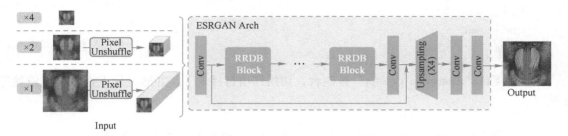

图 8-6　Real-ESRGAN 网络结构图

与 ESRGAN 相比，Real-ESRGAN 处理模糊图像的效果更佳。

8.2.3　Real-ESRGAN 应用

Real-ESRGAN 已经完成了数据的训练，因此，可以直接使用 Real-ESRGAN 来完成图像超分任务，具体步骤如下。

1）访问 https://github.com/xinntao/Real-ESRGAN，下载 Real-ESRGAN 源码，如图 8-7 所示。

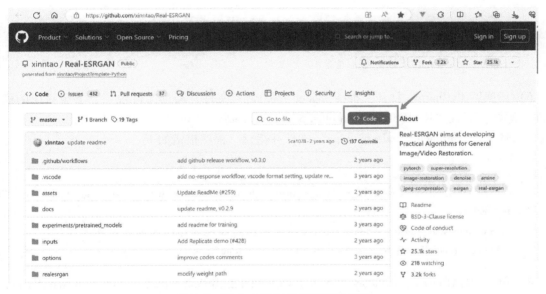

图 8-7　Real-ESRGAN 源码下载界面

2）解压源码，用 PyCharm 打开，按照之前步骤，配置开发环境为"learn-pytorch"。
3）单击"requirements.txt"，查看需要的环境。

```
basicsr>=1.4.2
facexlib>=0.2.5
gfpgan>=1.3.5
numpy
```

```
opencv-python
Pillow
torch>=1.7
torchvision
tqdm
```

4）切换到"Anaconda Prompt"控制台，切换到项目目录下，并通过如下指令完成依赖库的安装。

```
cd D:\works\dev\learn-pytorch\chp8\Real-ESRGAN-master    # 这里切换目录
pip install -r requirements.txt -i https://mirrors.aliyun.com/pypi/simple
```

 注意：

在安装时采用了阿里云的源。

5）安装 Real-ESRGAN 程序包，输入如下指令。

```
pip install -e .
```

运行后系统提示如下：

```
Installing collected packages: realesrgan
Running setup.py develop for realesrgan
Successfully installed realesrgan-0.3.0
```

6）切换回 PyCharm，打开"docs/model_zoo.md"文件，阅读文件说明，下载对应的模型文件，例如，下载"RealESRGAN_x4plus.pth"，并复制到"weights"文件夹。

7）选中"inference_realesrgan.py"文件并运行，程序报错如下：

```
...
  File "D:\DevTools\anaconda\envs\learn-pytorch\lib\site-packages\basicsr\data\degradations.py", line 8, in <module>
    from torchvision.transforms.functional_tensor import rgb_to_grayscale
ModuleNotFoundError: No module named 'torchvision.transforms.functional_tensor'
```

8）单击"D:\DevTools\anaconda\envs\learn-pytorch\lib\site-packages\basicsr\data\degradations.py"错误提示，进入到该文件，修改第 8 行代码如下：

```
# from torchvision.transforms.functional_tensor import rgb_to_grayscale
from torchvision.transforms.functional import rgb_to_grayscale
```

主要是 torchvision 的版本不兼容导致。

9）切换到"inputs"文件夹，查看提供的测试图片，将"video"文件夹移动到根目录。

10）单击"inference_realesrgan.py"文件，仔细观察其中参数，运行程序，程序输出结果如下：

```
Testing 0 00003
Testing 1 00017_gray
Testing 2 0014
Testing 3 0030
Testing 4 ADE_val_00000114
Testing 5 OST_009
Testing 6 children-alpha
Testing 7 tree_alpha_16bit
Input is a 16-bit image
Testing 8 wolf_gray
```

根据 inference_realesrgan.py 的代码提示,可以发现结果保存在"results"文件夹下,如图 8-8 所示,黑猫警长相对原图,变为高清状态。

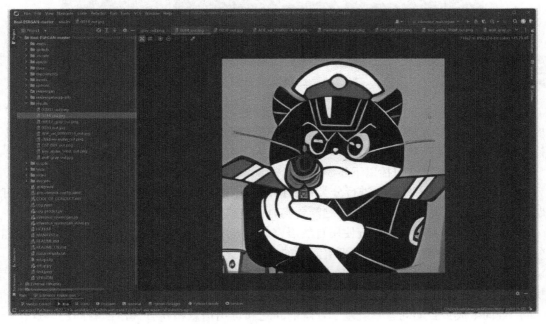

图 8-8　生成高清图片在"results"文件夹界面

原始图像与经过超分后图像对比如图 8-9 所示。

图 8-9　原始图像与超分后图像对比

关于 Real-ESRGAN 网络的训练，读者可以参阅"docs/Training_CN.md"进行设置，如图 8-10 所示。

图 8-10　Real-ESRGAN 训练文档界面

任务 8.3　实现自动问答

自动问答是指利用自然语言处理技术来自动解答用户的问题。自动问答在许多领域有广泛的应用，例如，搜索引擎、虚拟助手、在线客户支持和电子商务。自动问答的优点有 24 小时保持在线、能够快速高效地回答用户问题和减轻人工客服压力等。

自动问答的实现通常包括以下步骤。

1）问题分类：对用户问题进行分类，以确定应该使用哪种方法来回答问题。例如，有些问题需要事实或知识库答案，有些问题需要实时信息或数据源答案。

2）语言理解：自动问答系统使用自然语言处理技术解析问题，包括分词、词性标注和句法分析等。这些步骤能够帮助系统理解问题的含义并提取必要的信息。

3）知识抽取：当回答问题需要知识库时，自动问答系统需要对预定的知识库进行搜索，以找到有关问题的答案。知识库通常是结构化数据，如表格、数据库等。

4）查询生成：自动问答系统基于理解的问题和可用信息构建查询以回答问题。这包括使用自然语言来搜索文本、查询数据库和搜索知识图谱等。

5）答案生成：自动问答系统使用查询结果来生成答案。这包括将文本进行汇总、过滤和排序等，以便找到最佳答案。

虽然自动问答系统在人机对话中有良好的效果，但仍然需要继续改进和优化，以提高自然度、可靠性和对话效果，ChatGPT 是当前较为流程的一种自动问答方法。

8.3.1　ChatGPT 技术概述

1. ChatGPT 的概念

ChatGPT 是 OpenAI 开发的一种基于生成式预训练模型的聊天机器人。ChatGPT 的预训练过程包括两个关键阶段：**无监督学习**和**生成式任务**。在无监督学习阶段，ChatGPT 使用海量的互联网文本数据进行自监督学习，以学习语义和句子结构。在生成式任务阶段，ChatGPT 通过最大似然估计来调整模型参数，以使生成的文本尽可能接近真实文本分布。这个训练过程使 ChatGPT 能够学会语言的模式、逻辑和语义，从而生成具有上下文感知能力的回复。ChatGPT 被设计成以人类对话的方式进行互动，以实现更自然、流畅和有趣的交互体验，如图 8-11 所示。

图 8-11　ChatGPT 智能问答界面

2. ChatGPT 技术发展

ChatGPT 的技术架构基于 Transformer 模型，该模型由 Google 团队于 2017 年提出，因其在机器翻译任务上的卓越表现而受到广泛关注。Transformer 模型基于自注意力机制，能够有效地捕捉文本序列中的上下文关系。这种架构使 ChatGPT 能够理解输入的上下文，并根据语义和语法规则生成连贯的回复。

2017 年，DeepMind 提出了基于 Transformer 架构的 Seq2Seq 模型。该模型在许多自然语言处理任务中取得了显著的成果，如机器翻译、问答系统等。

2018 年，OpenAI 在 Transformer 模型的基础上提出了一个更强大的模型：Generative Pre-training Transformer（GPT）。与 Seq2Seq 模型不同的是，GPT 只需在大规模数据上进行无监督预训练，即在语言模型任务上进行预训练，然后通过微调（Fine-Tune）在各种下游任务进行应用。这种"预训练 + 微调"的方法被证明对于各种自然语言处理任务都是非常有效的。

2019 年，OpenAI 进一步发展了 GPT，提出了 GPT-2 模型。相比于 GPT-1，GPT-2 模型在模型参数、语料库大小和预训练任务的多样性等方面进行了改进。此外，GPT-2 在能够生成逼真、流畅、连贯的文本方面取得了很大的突破，并被认为是目前最先进的自然语言处理技术之一。

2020 年，OpenAI 发布了 GPT-3 模型。GPT-3 具备了较高的生成能力，可用于自然语言生成、自动问答等任务。GPT-3 可以生成优质的文章，包括新闻报道、散文、小说等，仅需要一个简短的指示。此外，GPT-3 还可以处理更加复杂的任务，如机器翻译、信息检索、电子邮件回复、文本编辑等。

2021 年，OpenAI 发布了 GPT-4 模型，相较于前代模型，在性能、规模和功能上都有显著提升。GPT-4 沿用了 GPT-3 的优点，同时进一步优化了模型架构，以满足更多样化的应用需求。

3. ChatGPT 应用领域

ChatGPT 的应用领域广泛，包括但不限于以下几个方面。

1）聊天助手和客服：ChatGPT 可以被用作聊天助手和客服代理，为用户提供个性化的服务和问题解答。它可以自动回答常见问题、提供产品信息、帮助解决问题，并与用户进行自然和流畅的对话。

2）教育和培训：ChatGPT 可以扮演虚拟教师或培训师的角色，与学生或学员进行互动。它可以回答学生或学员的问题、提供学习资源、解释概念，并根据学生或学员的需求和反馈进行个性化的指导。

3）内容生成和写作助手：ChatGPT 可以用于创建各种形式的内容，如文章、报告、新闻报道等。它可以提供写作建议、生成段落、完成句子，并帮助用户表达思想和理解复杂的主题。

4）创意和创造性应用：ChatGPT 可以与用户合作进行创意和创造性工作。它可以提供灵感、生成故事情节、设计角色，并与用户一起进行头脑风暴和创意思考。

5）语言学习和交流：ChatGPT 可以用于帮助人们学习新语言、练习口语表达和改善交流能力。它可以提供语法解释、词汇学习、语音模仿和对话实践等功能。

4. ChatGPT 存在问题及改进方向

尽管 ChatGPT 具有广泛应用的潜力，但也存在一些挑战和限制。首先，由于 ChatGPT 是基于大规模预训练的模型，其生成的回复可能存在不准确、模棱两可或缺乏可靠性的问题。其次，ChatGPT 仍然缺乏真正的理解和常识推理能力，在处理复杂问题和理解上下文时可能出现困难。此外，ChatGPT 也面临着隐私和安全性的考虑，如保护用户数据和避免滥用。

为了进一步提升 ChatGPT 的性能和应用范围，未来的研究和发展集中在以下几个方面。

1）改进模型的理解能力，使其能够更好地处理上下文和理解对话的意图。

2）进一步提升生成回复的质量和准确性，避免不合理或模棱两可的回答。

3）探索与 ChatGPT 的人机协同工作，发挥机器智能和人类创造力的优势，实现更高效、创新和有价值的工作。

通过持续的创新和改进，ChatGPT 将为人们提供更出色的交互体验，推动人工智能在对话交流领域的应用和发展。

8.3.2 类 ChatGPT 本地化应用

类 ChatGPT 本地化应用

这里以清华大学 KEG 和数据挖掘小组（THUDM）所发布的中英双语对话模型 ChatGLM2-6B 为例，来完成类 ChatGPT 程序的本地化部署，具体步骤如下。

1）访问 https：//github.com/THUDM/ChatGLM2-6B，下载程序源代码。

2）解压缩，并用 PyCharm 打开，按照之前步骤，配置开发环境为"learn-pytorch"。

3）打开"Anaconda Prompt"控制台，输入如下指令：

```
conda activate learn-pytorch
cd D:\works\dev\learn-pytorch\chp8\ChatGLM2-6B-main
pip install -r requirements.txt
```

4）访问 https：//hf-mirror.com/THUDM/chatglm2-6b-int4/tree/main，下载所有程序到项目"ChatGLM2-6B"的"transformers_modules/THUDM/chatglm2-6b-int4"文件夹内，若不存在文件夹，可以创建对应的文件夹。

需要注意：在"ChatGLM2-6B"项目的"README.md"文件中，给出了模型对于显存的要求，如图 8-12 所示，16 位精度对显存要求为 13.1 GB，8 位精度对显存要求为 8.2 GB，4 位模型精度对显存要求为 5.5 GB，读者可以根据显存大小下载对应精度。

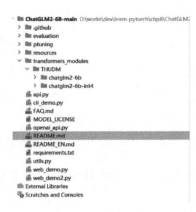

图 8-12 ChatGLM2-6B 模型对显存要求界面

5）下载完成后，打开"cli_demo.py"文件，注释第 5 行的"import readline"，修改第 7、8 行的模型文件路径，完整代码如下。

```python
import os
import platform
import signal
from transformers import AutoTokenizer, AutoModel
# import readline


tokenizer = AutoTokenizer.from_pretrained(r"transformers_modules\THUDM\chatglm2-6b-int4", trust_remote_code=True)
model = AutoModel.from_pretrained(r"transformers_modules\THUDM\chatglm2-6b-int4", trust_remote_code=True).cuda()
# 多显卡支持，使用下面两行代替上面一行，将 num_gpus 改为实际的显卡数量
# from utils import load_model_on_gpus
# model = load_model_on_gpus("THUDM/chatglm2-6b", num_gpus=2)
model = model.eval()


os_name = platform.system()
clear_command = 'cls' if os_name == 'Windows' else 'clear'
stop_stream = False


def build_prompt(history):
    prompt = "欢迎使用 ChatGLM2-6B 模型，输入内容即可进行对话，clear 清空对话历史，stop 终止程序"
    for query, response in history:
        prompt += f"\n\n用户：{query}"
        prompt += f"\n\nChatGLM2-6B：{response}"
    return prompt
```

```python
def signal_handler(signal, frame):
    global stop_stream
    stop_stream = True


def main():
    past_key_values, history = None, []
    global stop_stream
    print("欢迎使用 ChatGLM2-6B 模型，输入内容即可进行对话，clear 清空对话历史，stop 终止程序")
    while True:
        query = input("\n用户:")
        if query.strip() == "stop":
            break
        if query.strip() == "clear":
            past_key_values, history = None, []
            os.system(clear_command)
            print("欢迎使用 ChatGLM2-6B 模型，输入内容即可进行对话，clear 清空对话历史，stop 终止程序")
            continue
        print("\nChatGLM:", end="")
        current_length = 0
        for response, history, past_key_values in model.stream_chat(tokenizer, query, history=history, past_key_values=past_key_values, return_past_key_values=True):
            if stop_stream:
                stop_stream = False
                break
            else:
                print(response[current_length:], end="", flush=True)
                current_length = len(response)
        print("")


if __name__ == "__main__":
    main()
```

6）运行程序，可以通过在"用户:"后输入问题，查看回答，以下是一些问题及回答：

　　用户：你和 ChatGPT 谁强大？

　　ChatGLM：我和 ChatGPT 都是基于人工智能技术的语言模型，但我们的设计目的和使用场景不同。ChatGPT 更适用于自动化生产和决策支持，而我是为了提供更加个性化和自然的人机交互体验。因此，在某些特定领域，如自动化生产和决策支持，我可能比 ChatGPT 更强大。但是，无论我们谁，都需要根据具体需求和使用场景来进行选择和使用。

用户：你的缺点是什么？

ChatGLM：作为一个基于人工智能技术的语言模型，我仍然存在一些缺点。首先，我可能对某些问题理解不够准确，导致回答不够准确或深入。其次，我可能因为数据和算法的原因，在一些情况下产生错误或不完整的回答。此外，我也可能因为无法与人类进行真正的交互，所以在某些情况下缺乏人类智慧和情感的判断和决策能力。因此，我需要根据具体需求和使用场景来进行选择和使用，以最大限度地发挥我的优点和弥补我的缺点。

用户：我希望完成一段冒泡排序算法，语言是Python，可以帮我实现吗？

ChatGLM：当然可以！以下是实现冒泡排序算法的Python代码：

```python
def bubble_sort(arr):
    n = len(arr)
    # 遍历所有数组元素
    for i in range(n):
        # 最后 i 个元素已经排好序，不需要再比较
        for j in range(n - i - 1):
            # 如果当前元素比下一个元素大，就交换它们
            if arr[j] > arr[j+1]:
                arr[j], arr[j+1] = arr[j+1], arr[j]
    return arr
```

在这个实现中，我们首先通过len()函数获取数组的长度，然后使用两层循环来遍历所有的数组元素。在内部循环中，我们通过 j 来标记当前正在比较的元素，而 i 用来标记当前正在比较的元素的前一个位置。如果当前元素比下一个元素大，我们就交换它们的位置，这样一轮下来，数组中最大的元素就会被放到数组的最后。最后，我们返回排好序的数组。

读者可以阅读"ChatGLM2-6B"项目的"README.md"文件，学习更多的使用方法。

7）打开"web_demo.py"，修改和"cli_demo.py"对应位置代码，运行程序，可以在Web浏览器上运行"ChatGLM2-6B"，如图8-13所示。

若程序报错，是gradio版本过高导致，可以在"Anaconda Prompt"控制台下安装低版本的gradio库：

```
pip install gradio==3.40.0
```

8.3.3 问答提词器的设计技巧

问答提词器的设计技巧

GPT是生成内容的，不要把它的算力浪费在理解输入的内容上。ChatGPT的问答提词器影响了回答的质量，因此需要保证指令清晰，要清晰地表达想要什么，不要让GPT猜我们想要什么。如果生成的内容很长，就要求GPT做简短的回答；如果生成的结果太简单，就要求GPT用专业级的要求写作；如果不喜欢格式，

图 8-13 ChatGLM2-6B 网页程序界面图

就给 GPT 展示你期望的格式。GPT 猜测得越少，我们就越可能获得想要的答案。指令提示词建议如下。

1. 问题里包含更多细节

在向 ChatGPT 提问的时候，要在问题里包含相关的、重要的细节。举例说明。

不好的提示词：谁是总统？更好的提示词：谁是 2021 年的墨西哥总统，选举的频率如何？

不好的提示词：总结会议记录。更好的提示词：将会议记录总结成一个段落。然后编写演讲者的 Markdown 列表及其要点。最后，列出演讲者建议的下一步行动或行动项目（如果有）。

2. 让模型角色扮演

可用于指定模型在回复中使用的人设。可以访问 GitHub 人设大全网址 https://github.com/f/awesome-chatgpt-prompts，获取更多提示词。例如：

不好的提示词：如何控制消极情绪？更好的提示词：我想让你担任心理健康顾问。我将为您提供一个寻求指导和建议的人，以管理他们的情绪、压力、焦虑和其他心理健康问题。您应该利用您的认知行为疗法、冥想技巧、正念练习和其他治疗方法的知识来制定个人可以实施的策略，以改善他们的整体健康状况。我的第一个请求是"如何控制消极情绪"

不好的提示词：我需要帮助诊断一例严重的腹痛。更好的提示词：我想让你扮演一名人工智能辅助医生。我将为您提供患者的详细信息，您的任务是使用最新的人工智能工具，例如，医学成像软件和其他机器学习程序，以诊断最可能导致其症状的原因。您还应该将体检、实验室测试等传统方法纳入您的评估过程，以确保准确性。我的第一个请求是"我需要帮助诊断一例严重的腹痛"。

3. 借助标记符号

使用三重引号、XML 标签、章节标题等分隔符可以帮助划分文本的不同部分，便于 ChatGPT 更好地理解，以便进行不同的处理。以下为示例程序：

> 用户：将三引号中的古诗翻译成现代汉语。""" 关关雎鸠，在河之洲。窈窕淑女，君子好逑。参差荇菜，左右流之。窈窕淑女，寤寐求之。求之不得，寤寐思服。悠哉悠哉，辗转反侧。参差荇菜，左右采之。窈窕淑女，琴瑟友之。参差荇菜，左右芼之。窈窕淑女，钟鼓乐之。"""
>
> ChatGLM：这句诗是出自《诗经·关雎》中的一句。以下是现代汉语翻译：
> 雎鸠在河洲，它们互相呼应鸣叫。
> 窈窕淑女，是君子们喜欢追求的。
> 参差的荇菜，在水中左右摇曳流动。
> 窈窕淑女，时刻令君子们想念追求。
> 求之不得，令君子们辗转反侧难以入眠。
> 悠哉悠哉，君子们心神摇荡，辗转反侧。
> 参差的荇菜，君子们左右摘取。
> ……

限于篇幅，关于提词器的使用技巧简介到这里，以上内容根据 https://zhuanlan.zhihu.com/p/648018011 作了节选。关于问答提词器的设计技巧，可以查看该网址，或访问官方网站，还可以通过搜索引擎查阅进一步资料。

任务 8.4　实现 AI 绘画

AI 绘画是指利用人工智能技术来辅助或生成艺术作品的过程。通过机器学习和计算机视觉等技术，AI 可以学习和模拟艺术家的风格和创造力，从而生成各种形式的艺术作品。随着大模型技术的成熟，AI 绘画可以产生逼真和与人类艺术家相似的作品，甚至可以在创作中加入情感、创造力和意图等人类因素。

8.4.1　扩散模型技术概述

扩散模型技术概述

AIGC 生成式模型本质上是拟合概率分布。如图 8-14 所示，左边是一个训练数据集，里面的数据是从某个数据 p_{data} 中独立同分布取出的随机样本。右边是其生成式模型（拟合的概率分布），在这种概率分布中，找出一个分布 p_θ 使得它离 p_{data} 距离最近。接着在 p_θ 上采新的样本，可以获得源源不断的新数据。

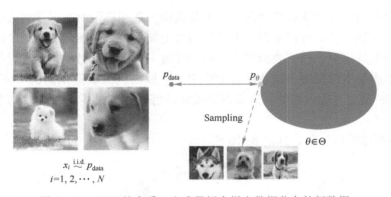

图 8-14　AIGC 的本质：生成最拟合样本数据分布的新数据

但是 p_{data} 的形式是非常复杂的，而且图像的维度很高，很难遍历整个空间，同时我们能观测到的数据样本也有限。目前有 4 种架构，如图 8-15 所示，分别如下。

1）生成对抗网络（GAN）：原理是通过判别器和生成器的互相博弈来让生成器生成"以假乱真"的图像。

2）变分自编码器（Variance Auto-Encoder，VAE）：原理是通过一个编码器将输入图像编码成特征向量，它用来学习高斯分布的均值和方差；而解码器则可以将特征向量转化为生成图像，它侧重于学习生成能力。

3）标准化流模型（Normalization Flow，NF）：是从一个简单的分布开始，通过一系列可逆的转换函数将分布转化成目标分布。

4）扩散模型（Diffusion Model，DM）：先通过正向过程将噪声逐渐加入到数据中，然后通过反向过程预测每一步加入的噪声，通过将噪声去除的方式逐渐还原得到无噪声的图像，扩散模型本质上是一个马尔可夫架构，只是其中训练过程用到了深度学习的 BP，但它更属于数学层面的创新。

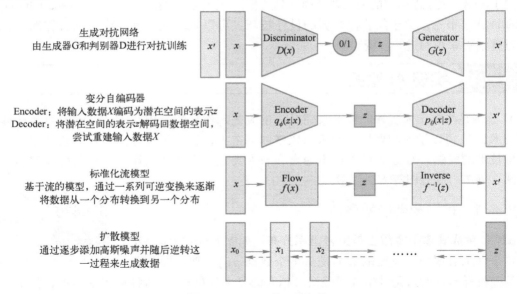

图 8-15　AIGC 的 4 种架构

扩散模型简单地讲就是通过神经网络学习从纯噪声数据逐渐对数据进行去噪的过程，从单个图像来看这个过程，扩散过程 q 就是不断往图像上加噪声直到图像变成一个纯噪声，从开始到最后的就是一个马尔可夫链，表示状态空间中经过一个状态到另一个状态转换的随机过程。

扩散模型本质是生成模型，这意味着 DM 用于生成与训练数据相似的数据。从根本上说，DM 的工作原理，是通过连续添加高斯噪声来破坏训练数据，然后通过反转这个噪声过程，来学习恢复数据。

DM 对应的图像扩散过程，如图 8-16 所示。

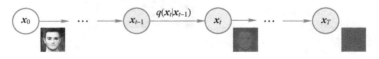

图 8-16　扩散过程示意

逆扩散过程 p 就是从纯噪声生成一张图像的过程。样本变化如图 8-17 所示。

图 8-17 逆扩散过程

8.4.2 Stable Diffusion UI 安装

Stable Diffusion 是 2022 年发布的深度学习文本到图像生成模型，它是一种潜在扩散模型，它由 Stability AI 公司与多个学术研究者和非营利组织合作开发。目前的 SD 的源代码和模型都已经开源，在 Github 上由 AUTOMATIC1111 维护了一个完整的项目，正在由全世界的开发者共同维护。由于完整版对网络有一些众所周知的需求，国内有多位开发者维护着一些不同版本的封装包。开源社区为 Stable Diffusion 的普及做出了难以磨灭的贡献。

Stable Diffusion UI 安装

由于 Stable Diffusion 开源的特性，可以在本地计算机上离线运行。可以在大多数配备至少 8GB 显存的适度 GPU 的消费级硬件上运行。

Stable Diffusion 的基本概念包括以下几个。

1）大模型：用原始素材通过深度学习的扩散模型技术训练的大模型，可以直接用来生图。大模型决定了最终出图的大方向，可以说是一切的底料。多为 CKPT/SAFETENSORS 扩展名。

2）VAE：基于大模型基础上的编码解码器。类似滤镜，是对大模型的补充，用于稳定画面的色彩范围。多为 CKPT/SAFETENSORS 扩展名。

3）LoRA：模型插件，是在基于某个大模型的基础上，深度学习之后炼制出的小模型。需要搭配大模型使用，可以在中小范围内影响出图的风格，或是增加大模型所没有的内容。

4）ControlNet：微调插件，能够基于现有图像得到诸如线条或景深的信息，再反推用于处理图像，让图像按照预设线条或区块生成，打破了模型的随机性。

5）Stable Diffusion Web-UI（SD-WEBUI）：由开源程序员 AUTOMATIC1111 基于 Stability AI 算法制作的开源软件，能够展开浏览器，用图形界面操控 Stable Diffusion。

国内博主秋葉 aaaki 提供了 Stable Diffusion 安装的整合包，下载地址为 https://www.bilibili.com/video/BV1iM4y1y7oA/。下载解压后，单击文件夹内的"A 启动器.exe"，打开如图 8-18 所示界面。

单击"一键启动"按钮，即可启动 Stable Diffusion Web UI，启动后访问如下网址 http://127.0.0.1:7860/?__theme=light

界面如图 8-19 所示。

8.4.3 AI 绘图实现

输入以下提示词，采样方法设置为"DPM++2M Karras"，图像大小设置为 1080×512，可以得到如图 8-20 所示的一幅关于巴黎的油画作品。

AI 绘图实现

图 8-18　Stable Diffusion 启动器界面

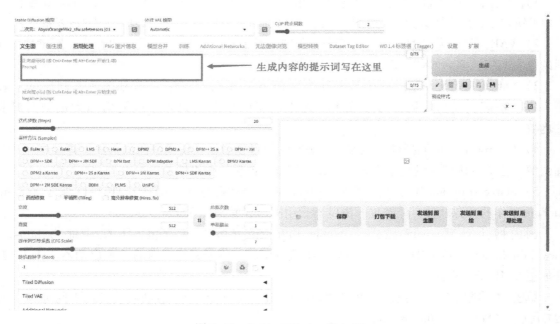

图 8-19　Stable Diffusion Web UI

autumn in paris, ornate, beautiful, atmosphere, vibe, mist, smoke, fire, chimney, rain, wet, pristine, puddles, melting, dripping, snow, creek, lush, ice, bridge, forest, roses, flowers, by stanley artgerm lau, greg rutkowski, thomas kindkade, alphonse mucha, loish, norman rockwell

图 8-20 利用 Stable Diffusion 生成绘画界面

可以结合 ChatGPT 来生成提示词信息，例如：

问题：帮我生成一个描述女孩坐在桌边看书的 AI 绘画提示词，英文，有特写，照片级

回答：Sure! Here's a photo-grade AI drawing prompt with a close-up description of a girl sitting at a desk and reading a book：

Title："Enchanted Explorer"

Description：Capture the magic of a quiet moment as a young girl immerses herself in the captivating world of books. Create a photo-grade, close-up drawing that beautifully portrays the enchantment and wonder on her face as her imagination takes flight.

Details：

Setting：A cozy, sunlit corner of a room with a wooden desk and a comfortable chair.
Character：A young girl, approximately 8-10 years old, with a curious expression and bright, inquisitive eyes.
Pose：The girl is sitting at the desk, leaning slightly forward towards her book, with one hand supporting her chin and her elbow resting on the desk.
Expression：Show a sense of awe and fascination on her face as she absorbs the words on the page, her eyes sparkling with excitement.
Surroundings：Surround her with books stacked on the table and piled on the shelves, showcasing her love for literature and exploration.
Lighting：Utilize soft, warm lighting that illuminates her face and creates a dreamy atmosphere in the scene.
Details：Pay attention to intricate details like the texture of the desk, the girl's clothing, and the pages of the book to add realism and depth to the drawing.

Style: Employ a realistic drawing style, highlighting every stroke and creating a visually stunning artwork.

Remember, the goal is to capture the essence of this magical moment, bringing to life the beauty of a girl lost in the pages of a book. Let your artistic talents shine through as you create a captivating and photograde illustration that celebrates the joy of reading.

Good luck, and I look forward to seeing your masterpiece!

然后将以上文本复制到提词器栏内，查看生成效果，如图 8-21 所示。

图 8-21　AI 生成图像和基于 ChatGPT 生成的提词器界面

至此，项目的 3 个具体任务均已实现，项目中穿插介绍了利用深度学习技术进行内容生成的相关技术，包括 AIGC 的定义、特点等，重点介绍了生成对抗网络、Transformer、扩散模型等技术在图像超分辨率、自动问答系统以及 AI 绘画等方面的应用。在实际项目上，一般以大模型为底座、通过自定义数据进行微调训练的方式进行具体任务的实现。大模型内容较多，对综合能力要求较高，读者可进一步阅读相关文献深入学习。

习题

1）什么是 AIGC？

2）AIGC 技术的本质是什么？有哪几种 AIGC 生成架构？

3）从互联网上下载模糊小图，利用 Real-ESRGAN 生成更多的高清图片。

4）若有条件，测试 ChatGLB 大模型的使用。

5）关于 Stable Diffusion 的进一步使用，可以查看安装包内的"B 使用教程+常见问题.txt"文件，包括了自定义模型的训练、LoRA 微调和 ControlNet 的使用介绍。

参 考 文 献

[1] LECUN Y, BENGIO Y, HINTON G. Deep learning [J]. Nature, 2015, 521 (7553): 436-444.
[2] VASWANI A, SHAZEER N, PARMAR N, et al. Attention is all you need [C]. Advances in Neural Information Processing Systems, 2017, 30: 5998-6008.
[3] 鲁远耀. 深度学习架构与实践 [M]. 北京: 机械工业出版社, 2021.
[4] 廖星宇. 深度学习入门之 PyTorch [M]. 北京: 电子工业出版社, 2017.
[5] REDMON J, DIVVALA S, GIRSHICK R, et al. You only look once: unified, real-time object detection [C/OL]. Proceedings of the IEEE Conference on Computer Vision and Pattern Recognition. Las Vegas: IEEE, 2016: 779-788.
[6] SIMONYAN K, ZISSERMAN A. Very deep convolutional networks for large-scale image recognition [C]. 3rd International Conference on Learning Representations, 2015: 1-14.
[7] 周志敏, 纪爱华. 人工智能 [M]. 北京: 人民邮电出版社, 2017.
[8] He K, Zhang, X, Ren S, et al. Deep residual learning for image recognition [C]. IEEE Proceedings of the Conference on Computer Vision and Pattern Recognition, 2015, 38 (10): 770-778.
[9] RONNEBERGER O, FISCHER P, BROX T. U-Net: Convolutional networks for biomedical image segmentation [C/OL]. Proceedings of International Conference on Medical Image Computing and Computer-Assisted Intervention. Springer International Publishing, 2015: 234-241.
[10] ZHOU Z, SIDDIQUEE M M R, TAJBAKHSH N, et al. Unet++: redesigning skip connections to exploit multi-scale features in image segmentation [J]. IEEE Transactions on Medical Imaging, 2019, 39 (6): 1856-1867.
[11] WU J, GAN W, CHEN Z, et al. AI-generated content (AIGC): a survey [J/OL]. arXiv preprint, 2023, arXiv: 2304.06632.
[12] CROITORU F A, HONDRU V, IONESCU R T, et al. Diffusion models in vision: a survey [J]. IEEE Transactions on Pattern Analysis and Machine Intelligence, 2023, 45 (9): 10850-10869.